HONDA'S IDENTITY AND "WAIGAYA"

ホンダらしさとワイガヤ

イノベーションと価値創造のための仕掛け

長沢伸也 編
Nagasawa Shinya
木野龍太郎 著
Kino Ryutaro

同友館

ホンダ・フィット(現行)

「ホンダらしさ」が結実した同社の製品群

HONDA'S IDENTITY AND "WAIGAYA"

ホンダ・フィット(初代)

ホンダ・モンパル

ホンダ・オデッセイ（初代）

ホンダ・オデッセイ（3代目）

ホンダ・オデッセイ（現行）

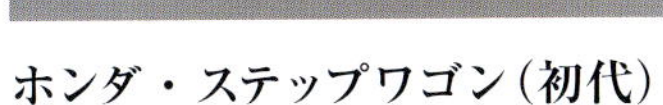

ホンダ・ステップワゴン（初代）

ホンダ・ステップワゴン（現行）

ホンダ・シビック（欧州市場向け）と開発メンバー（中央左手が松本専務）

ホンダ・Nシリーズとイメージキャラクター「Nコロ」

はじめに

本書において取り上げる本田技研工業株式会社とそのグループ企業（以下、ホンダ）は、技術者・経営者として世界的に著名な本田宗一郎が創業した、主に自動車・オートバイなどの輸送用機器、農業機械、発電機、船外機などの汎用製品を生産・販売する企業である。かつては業績が低迷し、競合他社との合併すら噂された時期もあったが、そうした苦境を脱し、リーマンショック後の大不況においてさえ、赤字決算を余儀なくされる他社を尻目に、黒字決算を維持した数少ない自動車メーカーとなった。自動車メーカーとしては後発企業ながら、そのような高い競争力を持つに至っている。

そのようなホンダの競争力の源泉はどのようなものなのだろうか。この点については、各方面から多くの意見があるが、同社の販売するユニークな製品が主な要因であることを否定する人はいないだろう。同社の製品には、随所に「ホンダらしさ」を強く感じさせるものがあり、そのことが他社との差別化につながっているといえる。では、そのような「ホンダらしさ」がどのようにして生み出され、そういった高い競争力を持つ製品を生み出しているのだろうか。

ホンダに関しては、創業者が非常に個性あふれる人物であり、またその経営のやり方が特徴的であることから、これまでにも多くの研究が行われてきた。ホンダの製品開発について取り上げた研究としては、以前にも長沢と木野でプロダクト・マネジャーの職務内容や資質、能力などに注目して調査を行ったが、岩倉・岩谷・長沢によるホンダのデザイン戦略経営について研究した著書や、同社における「新価値創造」のためのリーダーシップについて研究した河合の著書が挙げられる。創業者である本田宗一郎や藤澤武夫自身による著書や、その「弟子」ともいえる人物による著作、そして関係者への綿密な聞き取りによる創業者の人物像に関する著作も数多く見受けられる（参考文献参照）。

これらの多くは、創業者である故・本田宗一郎の考えをまとめた「企業理念」や「経営哲学」、あるいはこれらを引き継いだ「創業者の遺伝子」などの組織文化が、同社の製品競争力を高めることにつながっているというものであると思われる。つまり、「ホンダらしさ」とは「本田宗一郎らしさ」と等価であり、創業者亡き後もそれが強く残っているため、という立場であるといえよう。

一方、創業者亡き後、時間が経過するにつれてそれらが薄らいでいく可能性があることは想像に難くない。２００９年には伊東孝紳が七代目社長（現・取締役相談役）に、そして２０１５年には八郷隆弘が八代目社長に就任し、いずれも創業者から直接指導を受けていない世代とされる。そして多くの社員も創業者との直接の接点は非常に少ないというのが、現在のホンダである。そのような状況において、どのようにして「ホンダらしさ」を継承し、製品競争力を高めていくのであろうか。つまり、「ホンダらしさ」を追求することは、他社との差別化の追求でもあり、逆にいえば、差別化を行うためには「ホンダらしさ」を追求し、その存在意義を常に確認する作業を行うなかで、その本質についての議論を行わざるを得ないことになる。

これらを踏まえ本書では、一般的なホンダに対する見方とは逆に、同社がこれらの組織文化を自社

本書の枠組み

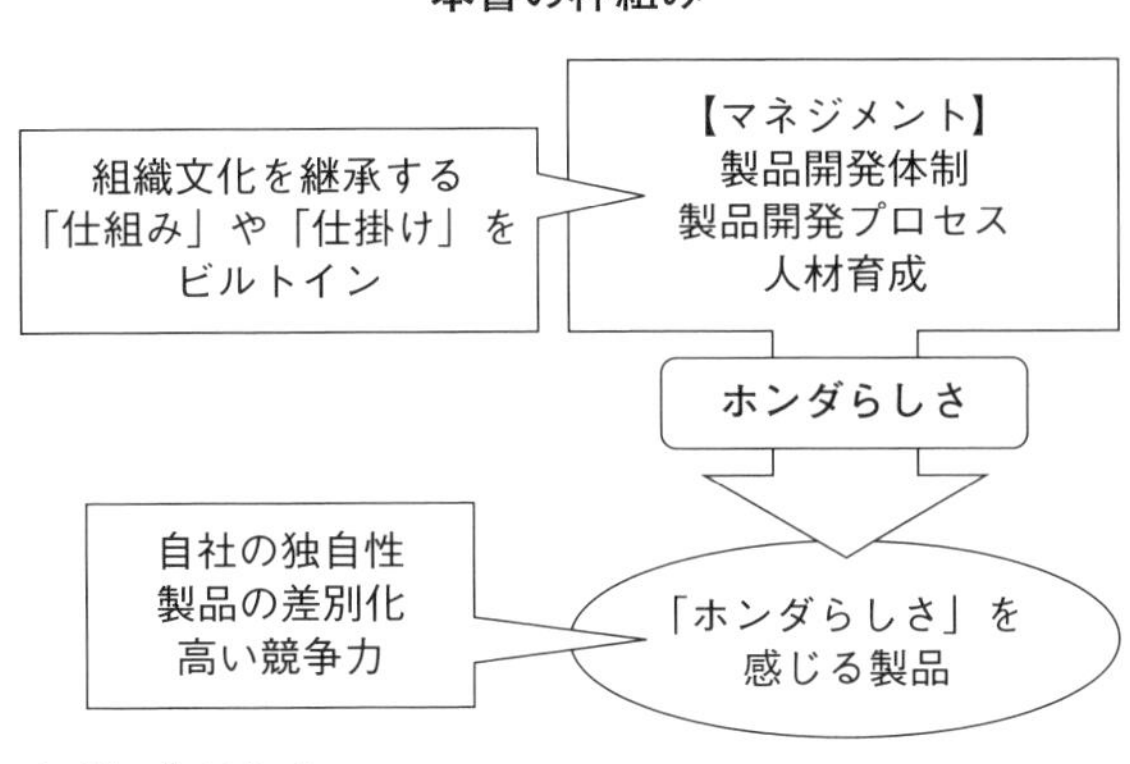

出所）著者作成

の強みとして認識し、それをどのように継承・活用しているのか、という視点から検証するものである。言い換えれば、ホンダには「ホンダらしさ」が残っている、というよりも、むしろ属人的な「本田宗一郎らしさ」ではなく普遍的な価値概念としての「ホンダらしさ」を強い意志を持って残し、「ホンダらしさ」を伝え、「ホンダらしさ」を活かすことで企業価値を高め、高い競争力に結びついていることと考え、検証を行っている。そして、同社の製品競争力の源泉に「ホンダらしさ」を見いだすだけではなく、「ホンダらしさ」を継承し実際の製品に反映させるための「仕掛け」や「仕組み」を、マネジメントの視点から検証・考察を行う、というのが本書の目的である。

先述のように著者である長沢と木野は以前に、こうした自動車メーカーの製品競争力について考察するにあたり、製品開発を統括するプロダクト・マネジャーに焦点を当てた研究を行った。それを踏まえて本書においては、同社における「組織体制」「研究開発プロセス」および「人材育成」のなかに、製品の競争力を高めるための「仕掛け」

「仕組み」であるマネジメントが、どのように組み込まれているのかを探る、という試みを行っている。

なお本書では、組織や具体的手法は日々変化し続けていることなどから、その枝葉末節を明らかにすることよりも、むしろ、その根幹にある「考え方」というものに焦点をおいて検討していくこととしたい。またそこでは、同社の特徴とされる「ワイガヤ」の役割についても着目し、組織マネジメントや開発プロセス、人材育成などにおいて、どのような役割を果たしているのかについて検証する。

それらを行うにあたり、同社において製品開発に携わった方々にインタビューを行っている。皆様大変ご多忙なところにもかかわらず時間を取っていただき、また当初の予定時間を超過して丁寧にご説明いただくことも多くあった。本書では、そうした貴重な「生の声」の臨場感と素晴らしさを読者に感じていただくため、また、幅広い方々にホンダの考え方を感じていただけるようにと、インタビューの内容をなるべくそのまま掲載するようにしている。

特に第Ⅱ部では、初代「フィット」をはじめとしたヒット作を生み出された松本宜之・本田技研工業株式会社 取締役専務執行役員（ヒアリング当時）へのインタビューを行い、それを「対談形式」で掲載することで、第Ⅰ部の内容を補強するとともに、より臨場感あふれる内容にしている。そのため、やや冗長に感じられることもあるかもしれないが、本書の意図によるものとご容赦いただきたい。

◇本書の狙い

上記の特徴を踏まえて、本書では以下の点を狙いとしている。

1．リーマンショック後の不況においてさえ黒字決算を維持した数少ない自動車メーカーであるホンダが、四輪では後発企業ながら高い競争力を持つに至ったその理由を、製品開発を中心にして検証することで、日本の製造業が競争力を高めていくためのヒントになることを狙いとしている。

2. 自動車メーカーにおける製品開発体制や開発プロセスを取り上げるとともに、そのなかでエンジニアが具体的にどのようなことを行っているのかを取り上げることで、製品開発に関する知識を深められるようにすることを狙いとしている。

3. カリスマ的な創業者から世代が交代していくなかで、創業時より形成されてきた企業文化をどのように後世へと継承し、その本質を追究していきながら、ビジネスのなかに活かしつつ競争力を高めていくのかといった点について、ホンダの事例をもとに理解を深めることを狙いとする。

◇本書の想定読者

1. 製造業における研究開発や製品開発に携わる経営者およびマネジャー、エンジニア
2. 新たに企業経営を引き継ぎ、その企業文化を継承し活かしていきたいと考えている経営者
3. マーケティングや技術経営などを学んでいる学生・院生
4. 将来、エンジニアになることを目指している学生・院生
5. 自動車産業やモノづくりに関心のある一般市民

本書は、経済学、経営学、商学、あるいは工学などを専攻する研究者や学生、ビジネスパーソンにも、読み応えがあるものになるように心がけたつもりである。より多くの方々に、手にとって読んでいただきたい内容である。

（文中敬称略）

目　次

はじめに　1

第Ⅰ部　ホンダにおける製品開発体制、開発プロセス、組織文化の継承
——「ホンダらしさ」の源泉を探る　9

第1章　ホンダの組織形態とその運営
——皆、「自分が社長」と思っている会社　9

1　ホンダの歴史と企業概要　10
2　ホンダの組織体制　11
3　ホンダの基本理念との関連　19
4　本田技術研究所の組織体制と人事管理　22
5　ホンダの製品開発プロジェクトの体制　25

第2章　ホンダの製品開発プロセス
——熱い想いを形にする　37

1　ホンダの研究開発システムの概要と流れ　38

2　製品開発の方向性決定と「ワイガヤ」　44
3　エンジニアのモチベーション向上　48
4　3代目「オデッセイ」の開発における事例　56
5　ホンダにおける「MM思想」との関連　69

第3章　「ワイガヤ」を通じた組織文化の継承と人材育成
――「ホンダらしさ」を残す、伝える、活かす　77

1　「ワイガヤ」について　78
2　初代「オデッセイ」の成功体験　86
3　ホンダの「徹底して考える」という組織文化　93
4　ホンダにおける本質を理解するためのトレーニング　96

第Ⅱ部　本田技研工業(株)松本宜之専務へのインタビュー
――「ホンダらしさ」のこれまでとこれから　105

松本専務のプロフィール　106
本田宗一郎の遺伝子継承　115
「評価会」と「ワイガヤ」　120
本田宗一郎と「ホンダらしさ」との関連　130

「俺が社長だ」というポリシー　135
「得手に帆を揚げて」苦手な分野を得意分野へ　145
「ホンダ」のブランド化　148

ホンダ研究の参考文献　156

【付録】（『日産らしさ、ホンダらしさ』より）
第1章　ホンダの製品開発プロセス　159
第2章　ホンダの製品戦略と企業文化　197

おわりに　233

第I部 ホンダにおける製品開発体制、開発プロセス、組織文化の継承

——「ホンダらしさ」の源泉を探る

第1章 ホンダの組織形態とその運営

——皆、「自分が社長」と思っている会社

1　ホンダの歴史と企業概要

まずは、ホンダの歴史について簡単に触れることとする。

創業者である本田宗一郎は、1946年に「本田技術研究所」を設立し、自転車用補助エンジンの開発・製造を行った。その2年後の48年には、同社を継承した「本田技研工業株式会社」が設立され、本格的なオートバイの開発・製造に着手した。49年には、後の副社長である藤澤武夫が常務取締役として入社、本田宗一郎が研究・開発・製造といった側面を、藤澤武夫が販売や資金繰りなどの主に経営的な側面を担うこととなった。また60年より、本田技研工業株式会社の研究・開発部門は、同社の連結子会社である株式会社本田技術研究所として別会社となった。一方、生産技術に関しては、70年にホンダ工機株式会社、74年には株式会社ホンダエンジニアリングとして独立、こちらも本田技研工業株式会社の連結子会社となっている。

この体制については現在も同じであり、製造・販売を行う「本田技研工業株式会社」、研究・開発を行う「株式会社本田技術研究所」、生産技術等を開発・製造する「ホンダエンジニアリング株式会社」という主要な3社によって、ホンダは構成されている。

特徴的なのは、研究開発を行う組織が別会社（子会社）となり、独立している点にある。これは、独創的な研究開発を行うことを意図としたものであり、研究開発を担う本田技術研究所は、本田技研工業に依頼された製品の図面を作成・販売するとともに、本田技研工業の売上高から一定の割合（通常は約5％）を受け取っている。特に後者で重要なのは、「利益」からではなく「売上高」から受け取る金額が算出されている点であり、利益に左右されず自由な研究開発が行われていることにある。

2　ホンダの組織体制

では具体的に、ホンダの具体的な組織について見ていくこととする。

本田技研工業においては、タテ軸に日本、北米、欧州、アジアなどの地域別の本部を置き、ヨコ軸に二輪、四輪、汎用などの事業本部および生産、購買などの本部がある、いわゆる「マトリックス組織」といわれる形態を取っている。また、本田技術研究所やホンダエンジニアリングにおいても、タテ軸に機能別の組織、ヨコ軸が開発プロジェクトといったような、マトリックス組織になっている（図表1）。

この組織形態について、同社のＲＡＤ（Representative Automotive Development：開発総責任者）(1)を担当されていた本間日義・株式会社ホンダアクセス　常務取締役　研究開発担当（ヒアリング当時。以下、本間常務）は以下のように述べている。

たぶん、一般的なマトリックス組織という理解では、正しい理解にはならないと思います。マトリックス組織というのは、一般的には布のように固着してしまいますが、そうならないために

図表1　本田技研工業のマトリックス組織（概要・2016年4月1日付）

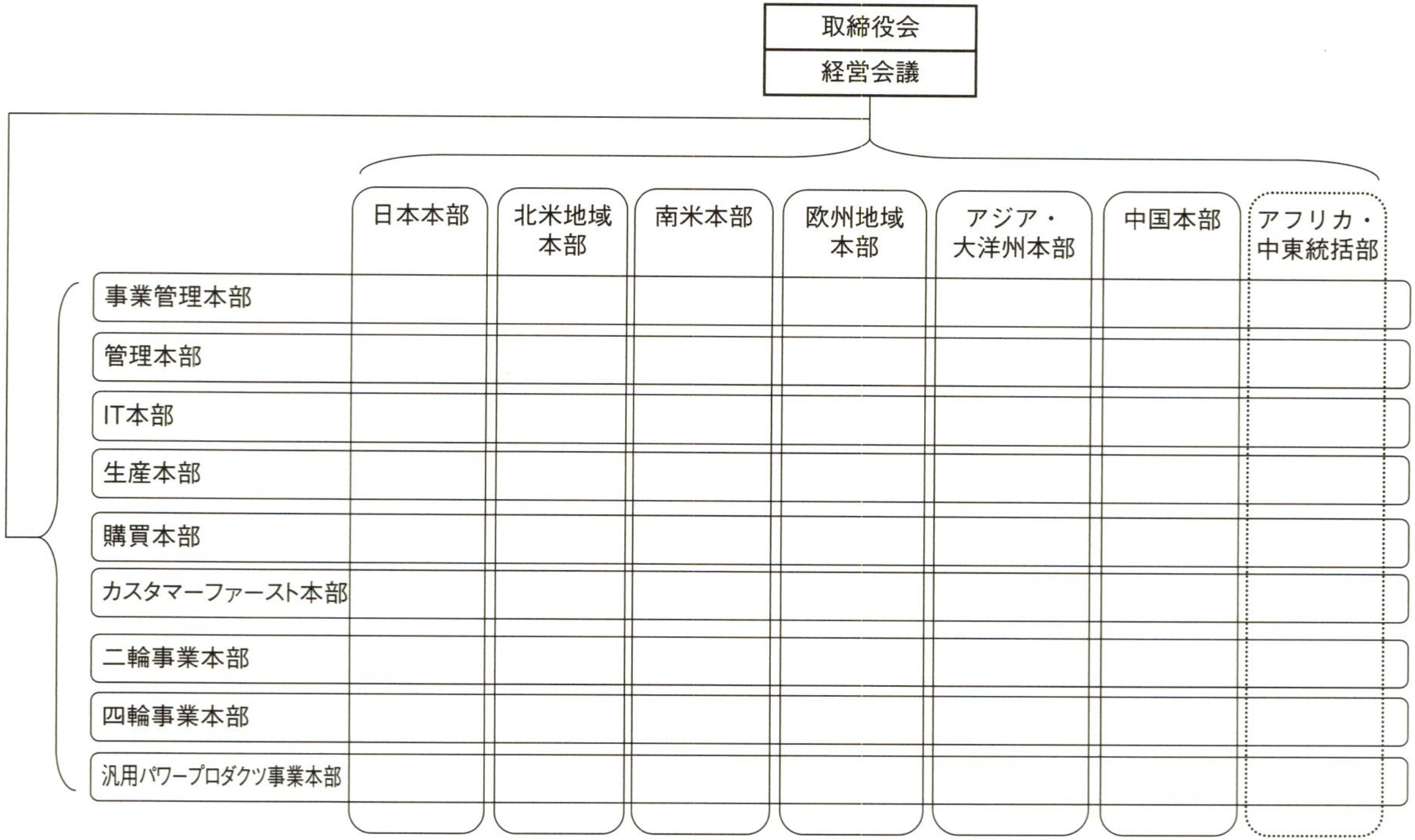

（注）「アフリカ・中東統括部」は、縦軸の各本部よりも一段低い立場にある。
出所）本田技研工業（株）広報部への聞き取りをもとに著者作成

ホンダでは、いろんな立場、いろんな地位を越えて、メンバーが一緒に目的、目標を共有できる求心力のあるモノ、それをまずきちんと据えます。それは「商品」というモノだと考えます。それをメンバーで議論してスパイラルアップしながら、そのときの高い目標を実現するモノづくりという行為をします。一般的に計画というのは、人間がそんなに高度ではないので、未来をすべて予知して、高い目標を完璧に計画するということはできないのだろうと思います。したがって、ホンダの場合には経営計画も各部門の事業計画も、それなりのフレームワークはもちろん持っているわけですが、しかしながら、必要以上に硬い計画ではなくて、柔らかい計画というふうになります。悪く言えば、いい加減さがあると。（本間常務）

そして、初代「フィット」（２００１年に発売された小型車で02年の日本国内年間販売台数トップになるなど、大ヒットした商品。**写真1**）の開発においては、以下のような組織運営がなされていたとされる。

たとえば、初代「フィット」のような戦略車を開発していくプロセスのなかで、フィードバック（手戻り）したりフィードフォワード（先行）したりしてブラッシュアップをしながら、そのものの結果が最大限の価値になるように、メンバーの総合力で取り組んでいくというようなやり

写真1　ホンダ・フィット（初代）

出所）本田技研工業（株）提供

方をします。開発が組織的にスタートする以前の段階で、自主的にエンジンの先行研究とかやっていたり、その時点ではスタートしてもまだ動いていない部署や、低い目標しか持っていない部署が、開発がスタートしてから、そのあと、どんどん高い目標を実現したりする。そういう部分もあります。

　こういう状況のなかに新入社員が会社に入ってくると、計画はいい加減だし、非常に混沌の状況が多いですから、「何ていう会社だろう」と思うことが多いですね。（本間常務）

　本間常務が述べている「スパイラルアップ」とは、さまざまな分野の人間が知恵を出し合い、その知恵が知恵を呼び、一人では到達できないような大きな知恵に膨らむことで、結果として他にないイノベーティブな商品や技術が誕生する、ということを指している(2)。

またこうしたプロジェクトの運営を、レストランの経営にたとえて説明している。

こうしたやり方をレストランの経営にたとえると、シェフというのは特定のカリスマシェフではなくて、「共創型・協働型プロジェクト」がシェフにあたります。経営の信念は、「開発」つまりモノをつくるということに集中されます。そこで使う素材とレシピについては、素材は「マーケット・イン（顧客の立場に立って製品を開発・製造すること）」が徹底される。レシピは「MM思想（Man–Maximum Mechanism–Minimum 思想：人のための価値は最大に、メカニズムは最小にというホンダのクルマづくりの基本思想）」という頑固なポリシーです。

これをどう調理するかというと、それぞれに関わる人たちが主体的に計画をします。その計画は、とてもフレキシブルで流動的なものです。したがって、このレストランに入ってきた新人は、やはり、何かよくわからないと、混沌としていると思うのだろうと思います。しかしながら、このなかで料理をつくるシェフグループは、俊敏性、感受性、行動力で、それに対応します。したがって混沌に対しても自主的であったり、挑戦的であったり、創造的であったりという行為で乗り越えようとします。必ずしも「カリスマ」とか「ヒーロー」は、こういうやり方にはなじみません。いわゆる「プレーイングマネジャー」というタイプです。かなりボーダーレスなスキルの

人です。（本間常務）

また、サッカーチームにもたとえて、以下のような説明がなされた。

サッカーのゲームが、ひとつわかりやすい事例かもしれません。ゴールにボールを入れるのはフォワードだけではなくて、ミッドフィルダーも入れますし、ディフェンダーも場合によっては入れますし、ゴールキーパーすら前に出てきたりすることがあります。いちいち野球のように、サインの下でプレーをするというような管理されたプレーではなくて、かなりプレーヤーは自主的に全体の動き、自分の役割など、いろいろなことを総合的に判断してプレーするというような状況だと思っています。

そのような経営をした結果、お客さまにおいしい料理が提案、提供できる。言い換えれば、お客さまにおいしい料理を提供したいということが、すべてのホンダという会社の強い求心力になっております。（本間常務）

ここまでに見られるように、ホンダにおける組織に関する基本的な考え方は、まずは組織を動かしていくのが開発メンバーの製品に対する強い信念であって、組織はそれに従っているものであるといえよう。そのため、外観としてはマトリックス組織という形態ではあるものの、あくまでそれは硬直的なものではなく、かなり柔軟性を持っている組織であると考えられる。

一般にマトリックス組織は、縦割り組織になることを防ぐというメリットがあるが、指揮命令系統が複雑になるというデメリットがあるといわれる。その点については、同社で先述の初代「フィット」などのＬＰＬ（Large Project Leader：製品開発リーダー）を担当されていた松本宜之・本田技研工業株式会社　執行役員（ヒアリング当時。以下、松本執行役員）は、以下のように述べている。

この組織のメリット、デメリットというのでいいますと、普通の会社でいうと、いまやデメリットのほうが多い組織形態だとわれわれも思っています。それはどういう意味かというと、責任の所在が不明確だとか、意思決定のスピードがややもすると遅れがちになるという意味です。ただわれわれは、今のところこの形態を変えていく意志はないですね。それはなぜかといいますと、このマトリックス組織でもっとも重要なのは、一応、地域本部と事業本部とに分かれていますけれども、この交点のところに立つ人が、自分の立場を超えて全体を背負っているという意識が大前提にある組織だと、われわれは理解しているんです。それはどういう意味かといいますと、たとえば、ホンダという会社の組織文化として、みんな「自分が社長だ」と思っているからです。ですから、自分の部署といったものの利害は考えるんですが、一方の頭では、それを超えた文化が一人一人にかなり浸透していて、それがこういうマトリックス組織を成立させている必要不可

欠な条件だと、われわれは思っています。（松本執行役員）

ホンダでは、このマトリックス組織によるデメリットを理解しつつも、それに関わる人間が、所属する部署の利害を超えて自分自身が「社長」であると考え、全体のことを優先して行動するという組織文化が浸透している。また、本間常務の話からも、計画に対する自由度が高く、開発プロジェクトチームが自主的かつ主体的に行動することが求められているということがわかる。

ホンダの社是には、「わたしたちは、地球的視野に立ち、世界中の顧客の満足のために、質の高い商品を適正な価格で供給することに全力を尽くす[3]」とあるように、ホンダの目的は何よりも「良い製品を生み出す」ということにあり、組織はそのための手段として用いられるべきものであるといえる。しかし、一般的に実際の現場においては、手段と目的が混同されてしまうことは多々あることであるが、同社においては目的と手段との関係が正しく理解され、目的を達成するためにメンバーが自主的に行動し、手段としての組織を活用していくことが目指されていると考えられる。

ただし、ホンダに入社すれば自然にそうした行動が身につく、ということは考えにくい。こうした組織文化をホンダで働く人たち全員に末端まで浸透させるためには、何らかの仕掛けや仕組み、本書でいうところのマネジメントが必要であろう。それによってはじめて、こうした組織文化が全体に浸透するとともに、それが継承されていくことになるわけである。この点については、また章を改めて検証することとする。

3　ホンダの基本理念との関連

そして、こうした組織文化と重要な関連性を持つ、ホンダの基本理念との関連についても、以下のように述べられている。

いわば「自由な雰囲気」、それから「誰とでも議論ができるという雰囲気」が一番のベースにあります。それはこの（本田技研工業の）企業組織だけではなくて、特に研究所（本田技術研究所）はそういう意味合いを強くした組織にしたいということです。

組織とか開発の仕方すべてにわたっていえることは、その根幹には、基本理念で挙げている「人間尊重」という考え方をベースとして、すべてがそこに立ったうえで組織ができていて、そのなかで開発が行われているということなんです。これは言葉を変えていえば「自主性を重んじる」ということであり、またそれに相通じる「権限委譲」が基本になっています。こうした自主性がもっとも発揮されやすい環境を、特に研究開発のなかでできるようにつくったという意味も持っています。（松本執行役員）

こうした組織の「根幹」にあるものについては、以下のように述べられている。

図表2　ホンダの基本理念

人間尊重	三つの喜び （買う喜び、売る喜び、創る喜び）
[自立] 自立とは、既成概念にとらわれず自由に発想し、自らの信念にもとづき主体性を持って行動し、その結果について責任を持つことです。	[買う喜び] Hondaの商品やサービスを通じて、お客様の満足にとどまらない、共鳴や感動を覚えていただくことです。
[平等] 平等とは、お互いに個人の違いを認めあい尊重することです。また、意欲のある人には個人の属性（国籍、性別、学歴など）にかかわりなく、等しく機会が与えられることでもあります。	[売る喜び] 価値ある商品と心のこもった応対・サービスで得られたお客様との信頼関係により、販売やサービスに携わる人が、誇りと喜びを持つことができるということです。
[信頼] 信頼とは、一人ひとりがお互いを認めあい、足らざるところを補いあい、誠意を尽くして自らの役割を果たすことから生まれます。Hondaは、ともに働く一人ひとりが常にお互いを信頼しあえる関係でありたいと考えます。	[創る喜び] お客様や販売店様に喜んでいただくために、その期待を上回る価値の高い商品やサービスをつくり出すことです。

出所）本田技研工業（株）WWWページ（検索日：2016年4月20日）
URL：http://www.honda.co.jp/guide/philosophy/

このことは別の言い方をすると、いわゆる中央集権的な会社とは、どういう断面を取っても全く反対側にあると言ってもいいかもしれません。いわゆる軍隊のように、指揮命令系統が非常にクリアになっている組織がよいかというと、ホンダという会社自身が、そういったものに基本的になじまない。そうなってしまったら、別にホンダという会社がなくてもいいんじゃないかと思っています。ホンダという会社が、商品だけじゃなくて働く社員も生きがいを感じながら、ホンダらしく存在する。そこを外さないで、どう規模を広げるのかというのが、かなり難しいテーマですね。

私も、ホンダの組織図を見てみて改めて、「こういう組織だったんだな」というぐらい、あまり意識していない。先ほど「みんな一人ひとりが社長だと思っている」と申しましたけれど、組織よりもまず先に、そういった「個人の自主性」あるいは「使命感」といったものが重要というのが根源にあります。つまり、軍隊のように命令系統を通じて貫徹できるというものではなくて、やはり、創造、クリエイティブな作業を伴うものですから、そういった組織では、「個人の働きがい」、「やる気」とか「使命感」というのが重視されるべきだと、われわれは思っているということです。（松本執行役員）

この話に見られるホンダの「基本理念」は、「人間尊重」「三つの喜び（買う喜び、売る喜び、創る喜び）」の２つから成り立っており、「人間尊重」には、「自立」「平等」「信頼」の３つの項目がある（図表２）。こうした基本理念の上にホンダの組織文化が存在しており、こうした自主性を強く意識し、権限を委譲して自由闊達な活動ができるような組織の構築を目指していると考えられる。

4．本田技術研究所の組織体制と人事管理

特に研究開発に関しては、本田宗一郎と二人三脚でホンダを作り上げてきた元・副社長の藤澤武夫の強い意志により、研究開発を行う部署を子会社として別会社化している[4]。さらに、本田技術研究所の組織形態も、ピラミッド型の組織とは異なり、いわゆる「文鎮型組織」すなわち、取締役会の下にそれぞれの組織が並列に並んでいるものとなっている。具体的には、オートバイの開発を行う「二輪R＆Dセンター」、自動車の開発を行う「四輪R＆Dセンター」、発電機、耕うん機、芝刈機、除雪機などの開発を行う「汎用R＆Dセンター」、航空機エンジンの開発を行う「航空機エンジンR＆Dセンター」、そして将来を見据えた基礎技術の研究を行う「基礎技術研究センター」、四輪モータースポーツの技術開発を行う「HRD Sakura」などの組織によって成り立っている（**図表3**）。

さらに人事管理の点では、本田技術研究所の研究員については、職位が上がっていくなかで、企業全体のマネジメントにあたる取締役とは別に、本田技術研究所の「評価の中心的存在」となる技術専門職としての「ＥＣＥ（Executive Chief Engineer：主席研究員）」や、「ＥＣＡ（Executive Chief Advisor：主席技術顧問）」が、役員待遇として設置されている（**図表4**[5]）。

図表３　本田技術研究所の組織体制

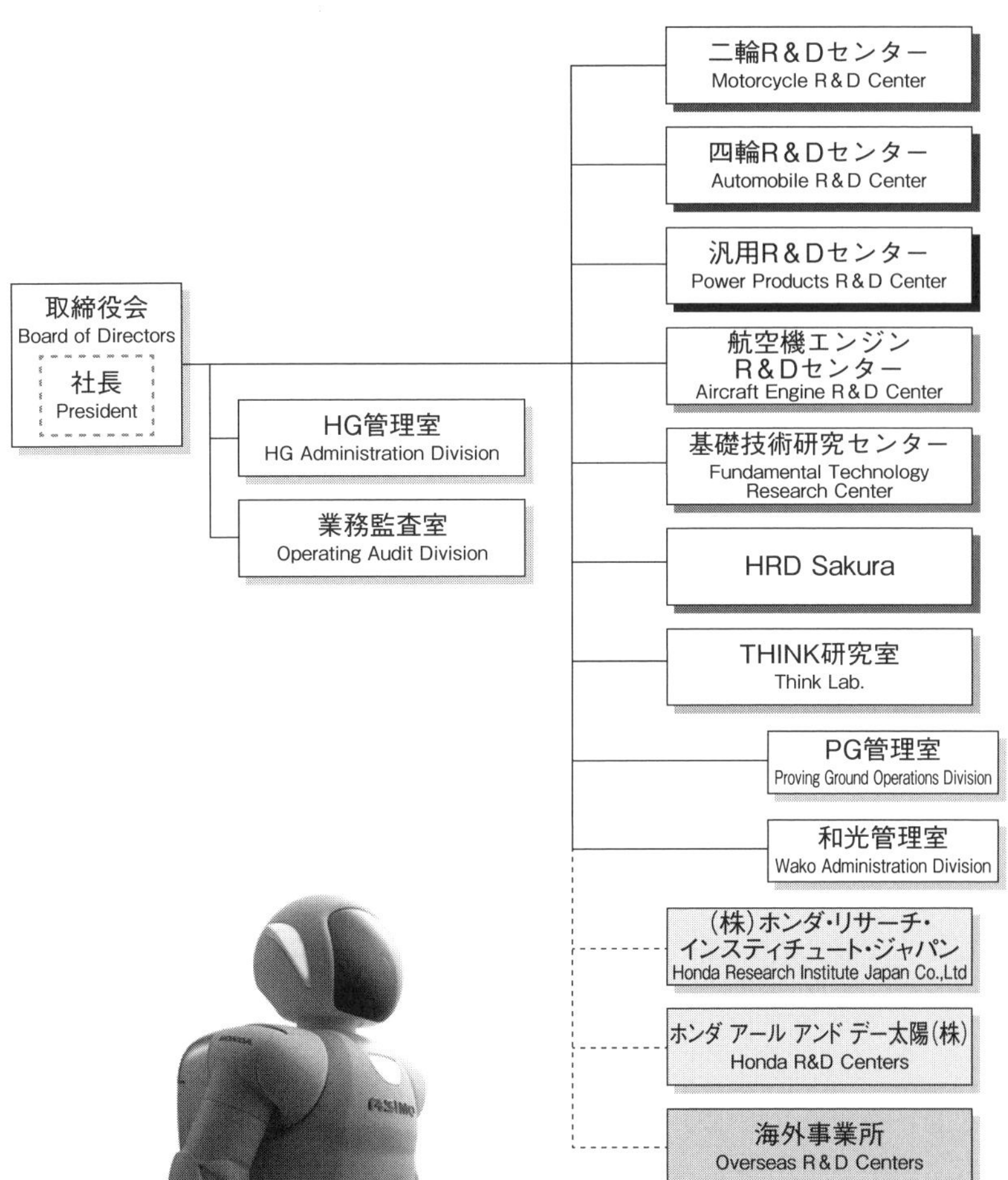

出所）（株）本田技術研究所WWWページ（検索日：2016年4月20日）
URL：http://www.honda.co.jp/RandD/fandf/

図表4　本田技術研究所における人事制度

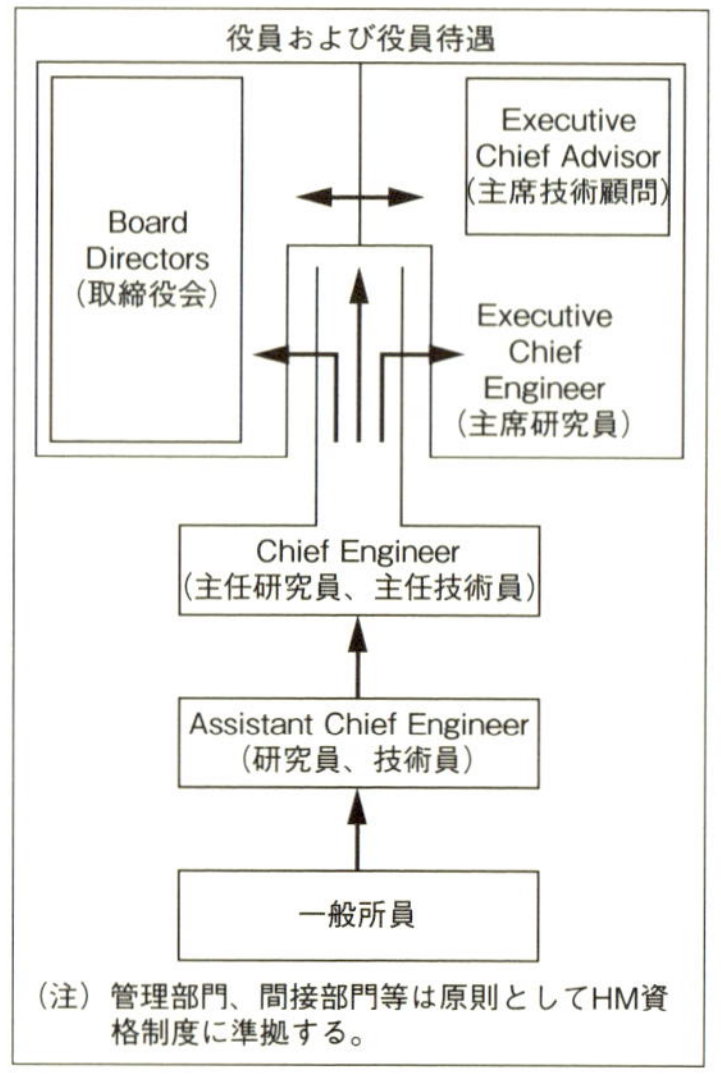

資格名称	主たる機能・役割	処遇
Executive Chief Advisor（主席技術顧問）	・高度の識見・専門知識に基づき、事業所部門等に高速されず、自由な立場からHG社長に対する助言、特命事項及び後進の指導にあたる。	役員同等（年俸制）
Executive Chief Engineer（主席研究員）	・高度の識見・専門知識を活かして要素技術の創造、深耕、研究開発プロジェクト推進、後進の育成などに主導的な役割を果たす。	役員同等（年俸制）
Chief Engineer（主任研究員）（主任技術員）	・卓越した専門能力を有し、新技術の創造、導入、研究開発プロジェクトの推進、部門室課、グループなどの運営、後進の指導等にあたる。	年俸制
Assistant Chief Engineer（研究員、技術員）	・研究開発各分野において、専門的業務遂行能力を有し、プロジェクトテーマ等推進及び後進の指導にあたる。	等級制

（注）HM＝本田技研工業、HG＝本田技術研究所。
出所）（株）本田技術研究所『Dream 1―本田技術研究所発展史―』1999年、124頁。

図表5　S・E・Dシステム（SED System）

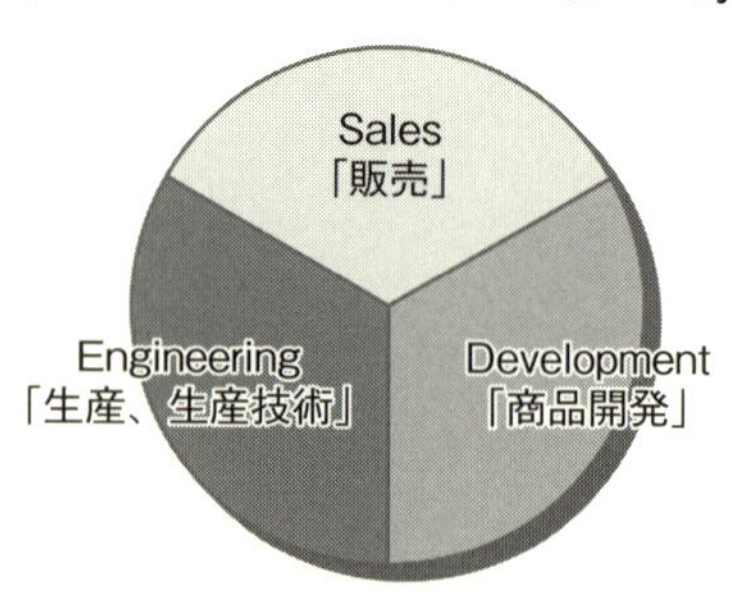

出所）（株）本田技術研究所WWWページ
（検索日：2016年4月20日）
URL：http://www.honda.co.jp/RandD/system/

5　ホンダの製品開発プロジェクトの体制

ここからは、具体的な製品開発体制について見ていくこととする。多くの製品開発と同じように、ホンダにおいてもプロジェクトの形態によって開発が行われている。同社では、「Ｓ・Ｅ・Ｄシステム」という体制が取られており、そこでは、「『Sales（販売＝本田技研工業）』、『Engineering（生産、生産技術＝本田技研工業、ホンダエンジニアリング）』のスペシャリストが、『Development（商品開発＝本田技術研究所）』チームとそれぞれの領域で明快な役割と責任を果たしながら一体となって、商品開発に携わる基本的なシステム」であるとされている（図表5）。[6]

つまり、ここでは本田技研工業、本田技術研究所（本田技研工業の１００％子会社）、そして生産技術を主に担当するホンダエンジニアリング（同上）という、それぞれ異なった役割を持つ企業群が一体となって開発を行う、という形態が取られている。そして、それぞれの企業からメンバーが集まり、製品を開発するプロジェクトが構成されることになる。開発を進めていくにあたっては、メンバーを統括して方向づけを行い、プロジェクトを進めていくことが必要となるが、それを担うのが「ＲＡＤ」と呼ばれる人物である。ホンダにおいてＲＡＤの経験がある黒田博史取締役（ヒアリング当時。以下、黒田取締役）によれば、その具体的な役割は以下のようなものである。

営業、生産、開発、販売、購買など、各役割に合わせて組織が分かれているわけですが、その機種ごとにプロジェクトを編成します。たとえば、ある車種を開発する際には、各地域事業本部のマーケティング担当者、研究所の開発プロジェクトチーム、購買担当チーム、生産担当チームというのがそれぞれできまして、それを網羅した「S・E・Dチーム」というのをつくります。そこがかなりの権限を持って商品開発をやります。これは、開発が終わるとそれで解散になるのですが、時間軸でみたときに商品の連続性がなくなるということがありますので、四輪事業本部のRADという人たちが、すべての商品系列で継続性をみるという仕組みを取っています。（黒田取締役）[7]

このように、別会社化しているホンダの各機能を統合する役割を担っているのが、本田技研工業に所属する「RAD」と呼ばれる人物であり、数車種の製品の開発を取り仕切っている。RADは必ずしもエンジニア出身ではなく、生産、営業などの出身者が担当していることもあるとのことであった。そして、実際の製品開発そのものを取り仕切るのが、本田技術研究所に所属する「LPL」といわれる人物である。開発にあたっては、ボディー、シャシー、エンジンなどの、開発に関わる機能別の小グループが複数つくられ、「PL（Project Leader）」といわれる人物が、それぞれの小グループを統括して、特定の機種の開発を指揮している。そしてそれらのPLを束ねているのが、上記のLPLであり、複数車種を担当することもあるが、基本的には一車種に集中して開発を進めていく。

本田技術研究所のなかでのＬＰＬの位置づけや、具体的な役割や権限などについて、松本執行役員は以下のように述べている。

ＬＰＬは「個人商店」みたいなもの、つまり、この上には研究所のトップマネジメント、社長、専務、常務ぐらい、そこに直属する位置づけです。やっぱりＬＰＬの仕事の中身でいうと、非常に創造性が求められるので、効率とかシステマチックなところに入らないで、独立させているというのが、創業以来のホンダの特徴的なやり方です。
そして、ホンダのＬＰＬというのは権限がないんです。予算もないんです。人事権もない。どちらかというと人事権とか予算、お金というよりは、どういう車をつくりたいか、つくらなきゃいけないかというところに「共感者」を集めてくるというか、「共感」を得てもらって、会社全体のリソースを動かすという雰囲気ですね。一方、研究所のマネジメントを担当している部署が予算の権限を持っていて、それをどのプロジェクトに、どういうふうに配分するかというのを決めています。そこにそれぞれの機種の商品開発のＬＰＬが、どういう車をつくるべきか、つくらなきゃいけないかという「ビジョン」を唯一の武器として説得し、リソースを振り分けてもらうように話をするわけです（松本執行役員）。

このように、ＬＰＬには権限があるわけではなく、製品に対するビジョンが「唯一の武器」であるという点が興味深い。

いわばLPLは、基本的に一つの機種の商品を開発することに没頭する立場なんです。朝起きてから寝るまで、寝てもいつでも。その代わり余計な金のお話とか、そういったものはむしろ考えなくていい。お客様のこととか、そういうことだけにひたすら没頭する。

PLなどの開発に関わる人に対しても、「アメとムチ」というやり方ではなくて、人事権がなくても、目標とかそういったものに「共感」してもらうことで、チーム全体のモチベーションが上がっていく。社内的にも「共感」が得られなければ、世の中に出しても共感が得られないだろう、という単純な理屈です。(松本執行役員)

こうしたLPLの具体的な職務内容については、以下のように述べられている。

LPLの役割は何かといった文書はなく、明文化されていません。自分自身で「拡大解釈」します。何かをやらないといけない、といった義務で仕事をするのは面白くありませんので、自分のやりたいことをまず考えて、それをどうやったら実現できるのかを、他人を巻き込んで進めていきます。そういった裁量を技術屋が持ち、「拡大解釈」してよいという雰囲気はあります。逆にいえば、何もモノを言わない人はよくなくて、自分で勝手にどんどん進めていくほうがよいということです。たとえば売り方に関しても口を出して、他人の土俵にクツを脱がずに土足で入って、「それはおかしいんじゃないか」などと思い切り言うわけです。そこではじめて気づくこともあるわけです。それで営業ともよくケンカしました。（松本執行役員）

このように、ＬＰＬの役割はオフィシャルに明文化されているものではなく、明確な権限があるわけではない。しかしそうしたなかで、製品に対する「ビジョン」を唯一の武器として、自身の業務範囲を「拡大解釈」しながら、良い製品を生み出すことに没頭するという、いわば明確なのは目的だけで、そのための手段や方法については自由であるという、非常に特異な存在であるといえよう。

一方で、本田技研工業に所属するＲＡＤと呼ばれる人物も、いわゆる「Ｓ・Ｅ・Ｄシステム」といわれるような、開発の全体を統括する役割を担っている。この両者の役割の違いについては、先述の初代「フィット」でＲＡＤを経験された本間常務と、３代目の「オデッセイ」（多人数乗りの広い車内ながら高い運動性能を持つミニバンといわれるタイプの車種。**写真2**）のＬＰＬをされていた竹村宏・株式会社本田技術研究所　四輪開発センター　常務執行役員　企画室　室長（ヒアリング当時。以下、竹村常務）は以下のように述べられている。

写真2　ホンダ・オデッセイ（3代目）

出所）本田技研工業（株）提供

LPLはハードウェアの研究開発を、全体で束ねる機能です。RADは、ありとあらゆる機能と地域を束ね、研究開発チームも含めて束ねる、いわゆる総合プロデューサー機能です。平たくいうと、LPLが「ディレクター」で、RADが「プロデューサー」みたいなものです。（本間常務）

かつてはLPLがRADの役割も担っていたのですが、事業規模が大きくなってきたことから、RADが置かれるようになりました。LPLとRADの業務は全然違っていて、LPLというのは「商品」で、RADというのは「事業」と、すごくわかりやすいんです。「商品」と「事業」というのはともすれば相反する。

両立を目指そうとすると中途半端になってしまうんですよ。強い商品にしたいけどお金がかかる、一方では、お金をかけてもらったら困る。強い商品にしたいというのがLPLの役割で、お金をかけてもらったら困るというのは事業のRADの役割です。それを、それぞれ同じ人間がやるというのは、ものすごく難しいので凡人がやると妥協してしまう。だから、相反する考え方を持つ仕事は分けたほうがピュアにできるじゃないか、だから分けたほうがいいよ、というほうが素直な解釈だと思います。おいしい料理をつくりたい料理人と、なるべく安く仕入れて、安い材料と長持ちする商品とを、両方同じ人間が考えたらなかなかうまくいかない。それは、ケンカしながらやるほうがいいですよね。（竹村常務）

このように、同じように製品開発を主導する立場ではあるものの、本田技術研究所に所属するLPLが、製品開発に直接的に関わり顧客の視点を強く意識して製品のレベルアップに注力し、本田技研工業に所属するRADは、製品のレベルアップにも関与しつつ、製造、生産技術、営業なども含めたホンダグループ全体に関わる調整をしながら、それを事業として成立させることに注力する、といった役割分担がなされている。いわば、「S・E・Dシステム」の「D」の部分を指揮するのがLPLで、「S・E・Dシステム」のチーム全体の総責任者がRADである（図表6）。

ただしこの点については、経験豊富なLPLの場合はRADの役割も兼ねていたり、LPLの経験が少ない場合は、RADがLPLの役割も一部手伝ったりということも行われている。また、LPL

図表6　RADとLPLの位置づけ

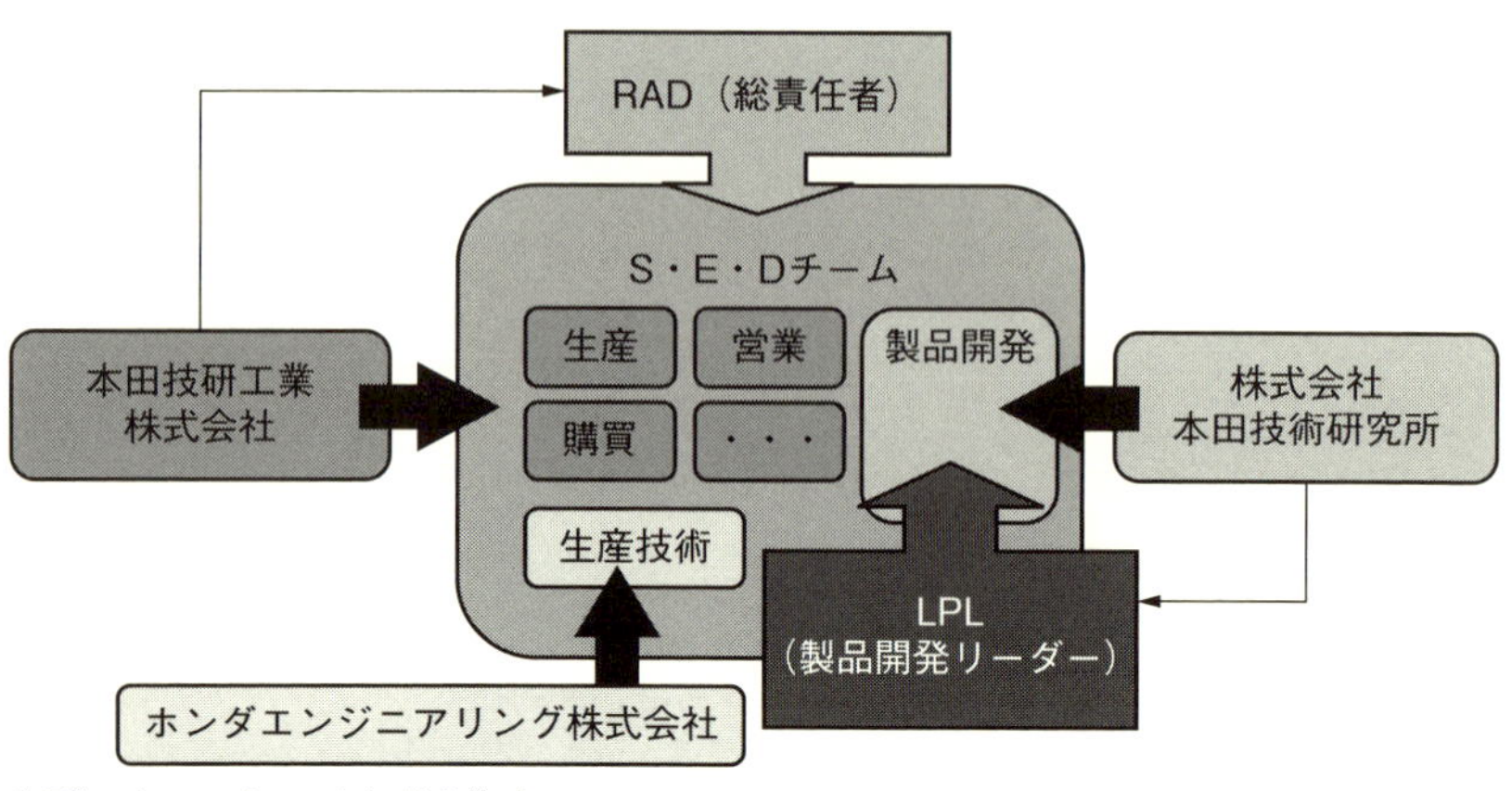

出所）インタビューより著者作成

の業務を補佐する「ＬＰＬ代行」も置かれており、それぞれ得意分野を活かして、お互いに補い合いながら業務を行っているなど、その役割分担が硬直的なものではなく柔軟に運用されている。

たとえばＬＰＬも個性がありますよね。あのＬＰＬにはこのＰＬなり、ＬＰＬ代行を付けるとか、そういう一概にはいえない組み合わせをするんです。ここらがすごく絶妙で、異質なものを組み合わせるパターンもよくやるんですよ。若いＬＰＬだったら、部下だけど老練なＬＰＬ代行を付けるとか、非常にクリエイティブなＬＰＬなんだけど、機種のカネ勘定が得意ではないとなると、それが得意なＬＰＬ代行を付けるとかね。これはホンダの創業のころからあった、本田宗一郎と藤澤武夫の関係と同じように、うまく組み合わせています。
（松本執行役員）

なお、製品開発を行うエンジニアの視点について、竹村常務より興味深い話があったので以下に紹介する。

台数がたくさん売れるということはすごく大事なことなんだけど、エンジニアの立場から言うと、「それがどうした」なんですよね。いや、もちろん事業としてはそうじゃないんですけど、すごくきれいごとに聞こえるかもしれませんけど、極論を言うと、台数じゃなくて、「いかに喜んだ顔が見られるか」なんです。それがひとりでもいいんですよ。（竹村常務）

ここでは、エンジニアの視点が芸術家と近いものであると述べている。

たとえば芸術家であれば、一人のお客さんのために絵を描く。その人がいかに喜んで「これはよくできたね。俺の期待を超えたよ」と言ってくれるかが勝負であって、描いた絵をいかにたくさんの人に買ってもらうかではありません。それと同じですよね。エンジニアからすれば、でき上がった作品はひとつしかないんです。たくさん売れて喜ぶなんて嘘八百で、それが1千台売れようが1万台売れようが全然関係ない。エンジニアって事業なんかを考える体質なんかを持ってはいないんですよ。

それよりも、自分の意図がちゃんと的を射ていて、お客様が喜んでくださるというのはうれしい限りですよね。本当ならさくっとつくって、すごくリーズナブルな価格で販売する、とやればいいんだろうけど、たとえば、剛性が低くなりがちなオープンカーであっても、「世界一のボディー剛性だ」と、ある意味やり過ぎてしまう。エンジニアってそういうことで、ものすごく喜びを感じますからね。そうすると、自分の好きなものに関して、自分の考えでエンジニア的な考えをどんどん入れやすい車ほど、一生懸命になって、結果、お客さんの心から、ある程度離れていってしまう可能性もあります。（竹村常務）

エンジニアが業務に没頭するなかで、ビジネスということを見失ってしまわないようにバランスを取るというのも、ＲＡＤの重要な職務であるといえよう。ＬＰＬにしてもＲＡＤにしても、大枠としての職務の範囲はあるものの、その範囲も双方の役割分担も硬直的なものではなく、かつ、明確な形での権限があるわけではなく、全体として柔軟な運営がなされていることがわかる。このような自由裁量の大きな組織形態においては、組織運営や製品競争力がＬＰＬやＲＡＤになる人物に大きく依存することになる。その選出にあたっては、「スキルだけではなく、ホンダの組織文化を骨身に沁みて持っている人」（松本執行役員）という話も聞かれたが、同社のマトリックス組織のところでも少し述べたように、そうした組織文化を理解・継承していくためのマネジメントが必要になると考えられる。この点も含めて、章を改めて検討したい。

（注）

（1）なお、営業・生産・開発の全体を束ねるこの「ＲＡＤ」という役職は廃止され、図表1にある「四輪事業本部」に置かれた「第1事業統括」、「第2事業統括」、「第3事業統括」という責任者が担うこととなった。また、２０１６年4月1日からは、この役職が「商品開発担当」に変更になり、「Ａｃｕｒａ」、「Ｈｏｎｄａ」、「ＨｏｎｄａスモーＩル」という区分で、それぞれ開発の責任を負うこととなっている（ホンダ広報部への聞き取りによる）。

（2）本間日義『ホンダ流ワイガヤのすすめ―大ヒットはいつも偶然のひとことから生まれる―』朝日新聞出版、２０１５年、34-37頁を参照。

（3）本田技研工業株式会社ＷＷＷページ（検索日：２０１６年4月20日）
ＵＲＬ：http://www.honda.co.jp/guide/philosophy/

（4）この点については、本田技研工業株式会社編『ＴＯＰ　ＴＡＬＫＳ―語り継がれる原点―』、２００６年、１２０頁を参照。

（5）株式会社本田技術研究所『Ｄｒｅａｍ　1―本田技術研究所　発展史―』、１９９９年、１２４-１２５頁を参照。

（6）株式会社本田技術研究所ＷＷＷページ（検索日：２０１６年4月20日）
ＵＲＬ：http://www.honda.co.jp/RandD/system/

（7）長沢伸也・木野龍太郎『日産らしさ、ホンダらしさ―製品開発を担うプロダクト・マネジャーたち―』同友館、２００4年。

第Ⅰ部

ホンダにおける製品開発体制、開発プロセス、組織文化の継承

――「ホンダらしさ」の源泉を探る

第2章

ホンダの製品開発プロセス

――熱い想いを形にする

1　ホンダの研究開発システムの概要と流れ

第1章では、ホンダの製品開発に関する組織形態について見てきたが、本章では、同社の製品開発のプロセスについて検証していくこととする。

一般に、自動車の場合は、部品点数が2～3万点、種類が5～8千種類あり、非常に多様な材料・部品によって構成されている。藤本・クラークは、現代の多くの産業では、製品の首尾一貫性が競争の焦点となっているとしている。[8] また、乗用車の場合は、先述した多くの部品を最適設計し組み合わせる必要がある、「インテグラル型」または「摺り合わせ型」のタイプの製品であるとされている。[9] そのため、製品の競争力を高めるためには、全体で300名程度といわれる開発チームが、全体で統一された製品のテーマ、方向性といったものを共有しつつ、それを製品全体に落とし込んでいくことが必要になるであろう。

まずはホンダにおける製品開発プロセスの概要について見ていくこととする。ホンダの研究開発を行う本田技術研究所では、研究（Research）と開発（Development）の両者を区別している（図表7）。

同社の「R（研究）」の定義とは、「魅力ある商品を生みだす基礎となる新技術の開発」であり、この段階では、「1％」の成功のために「99％」の失敗は許されるとされている。自己申告された研究テーマについて、「企業の経営的な要請」、「顧客の立場からの改良の必要性」、「社会情勢の変化を予測した必然性」、「創造・革新技術への欲望と要請」の「4つのニーズ」の点から、「採否会議」で本

図表７　ホンダの研究開発システム

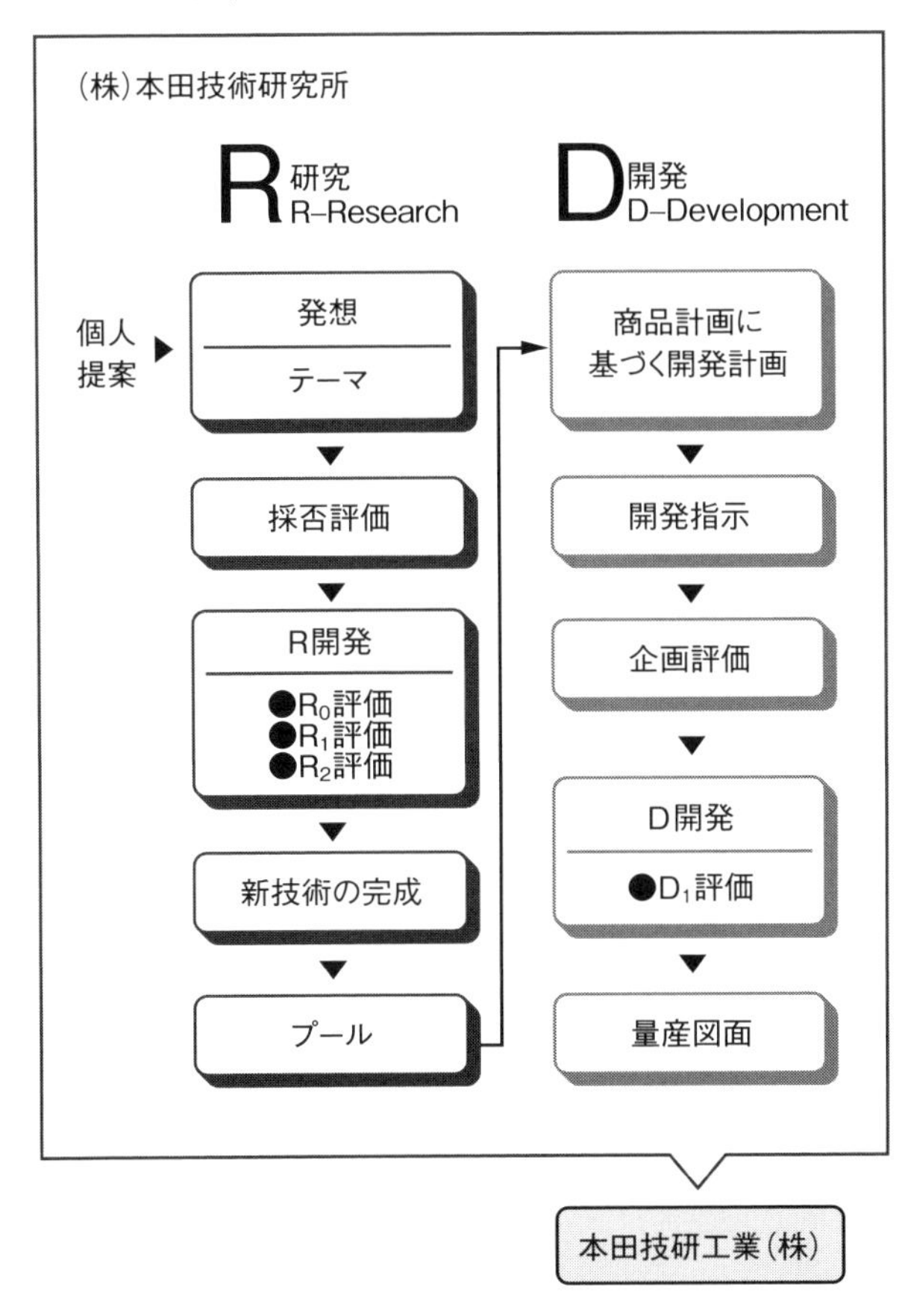

出所）（株）本田技術研究所WWWページ
（検索日：2016年4月20日）
URL：http://www.honda.co.jp/RandD/system/

田技術研究所の社長を含む評価委員会により審議され、採用されれば研究テーマとしてスタートする。そして、図表7にあるような「R０」、「R１」、「R２」といったステップのなかで、評価委員会による評価を受けながら研究が進んでいく。また「R２」終了後に必ずしも製品開発において採用されるわけではなく、その場合は、いったんプールされることとなる。

「D（開発）」とは、「生産販売に供する商品の開発」であり、この段階では「１００％」の成功が要求され、商品化を前提として、「企業のニーズ」によって開始されるとされている。具体的には、LPLが作成した製品の企画案が企画評価会に提案され、「D０」、「D１」、「D２」といったステップごとに評価を受けながら開発が進んでいくこととなる（**図表8**）[10]。

こうしたホンダの研究開発システムについて、以下のように述べられている。

> 商品の開発については、かなり自主的にそれぞれの部署で先行しています。たとえば、一番開発リードタイムが必要なのは要素技術の開発ですから、エンジンやトランスミッションなどは、開発チームがスタートするもっと前から、それぞれの部門の自主的な計画として、どんどん仕込むのです。デザイン部門も、それが商品計画につながるかどうかはともかく、「これからはスモールが時代を先取りする商品だ」とか、「何かブレイクするようなカッコいいデザインはできないか」などと進めています。
>
> それで、会社がある程度そうした状況を見据えたうえで、発売目標のタイミングから逆算して、

図表8　R段階（研究）とD段階（開発）のステップと内容

R段階

ステップ		内　容
提案	――	・将来の商品を指向した企業要請からの提案 ・個人の新発想にもとづく提案
R_0	基礎計画段階	あるニーズにもとづく新着想が生まれ、実験段階に入るための問題の予測、研究の方向、開発の方案等が図上ないし簡単な実験によって検討される。
R_1	基礎研究段階	新着想の基礎知識が明らかになり、これを実現するための技術的手法にもとづいて実験し、知識の拡大、応用の可能性、期待外の新技術への発展等が検討され判明する。
R_2	応用研究段階	開発された新技術を、ある商品に応用する場合の具体的手段と方法を確立するため、実用性の面から、あるいは既存の技術、付属する材料、部品、装置との組み合わせ等から検討される。 すなわち、ある特定の商品企画に対し、この新技術の成果を応用する場合の条件を明示する資料が確立する。

D段階

ステップ		内　容
企画	――	・企業ニーズにもとづき開発する商品の企画立案
D_0	試作開発段階	特定の商品を生産販売するための実験的モデルを既存の技術およびR項目で既知となった新技術の選択組み合わせによって試作することにより、商品としての具体的方法、手段を確立する。 同時に、品質の保持 ・製造コスト ・生産性 ・生産技術・整備技術 について意図した目標の維持の可能性、実用性が検討され、かつ商品としての価値判断がなされる。
D_1	製作開発段階	実際の生産販売を予定する特定車種をめざして、商品の姿で試作車を製作し、かつその商品の具体的技術（図面）指示が完成される。 研究所はこの段階で多くの資源とエネルギーを投入し、生産販売部門の準備作業と組み合わせたチームワークが開始される。 同時に、ライフサイクル ・予定生産量 ・企業活動上の効果 ・生産販売に至る目標日程 が確立し、商品価値、生産費用、細部実用性等の裏づけ資料にもとづいて生産販売の意思決定が可能となる。
D_2	実用開発段階	量産段取りに入った製品を、継続的に開発、実験、評価し、設計内容を改善し、量産体制に対する技術的トラブルを解消することによって量産図面を出図する。

出所）（株）本田技術研究所、前掲書、87頁。

開発プロジェクトが正式なスタートを切るんですね。つまり、商品のコンセプトは、その前にエンジンとかデザインなどが先行していて、それらを総合的に横断して束ねてコンセプトとなります。チームが10人集まって、さあゼロからスタートといった形ではコンセプトにはならないわけです。(本間常務)

ここでも、先述(第1章第5節)のレストランの経営にたとえてわかりやすく説明がなされている。

たとえば、そのレストランが最大のベストを尽くしてお客様に料理を提供するとします。そのレシピをつくったところがスタートではなくて、その前に、たとえば材料の仕入れ係が、美味しい牛肉を見つけているとか、食器係はすごくお洒落なお皿を仕入れてあるとか、お店のレイアウトもきれいにやってあるといったように、常に動いている状態があるんです。それが大前提で、その状態のなかで来月から若い人向けのメニューを加えようかとか、最近イタリアンが流行っているから、われわれも最近人気のこんなレシピを加えようか、というのが計画されて、たとえば1カ月の期間のなかで行われます。

逆にいえば、1カ月だけではこれらすべてはできませんので、長く並行してさまざまなことがなされていることが前提条件です。それがあるから、「センタータンクレイアウト(著者注・通常、

図表９　ホンダの製品開発の流れ（概要）

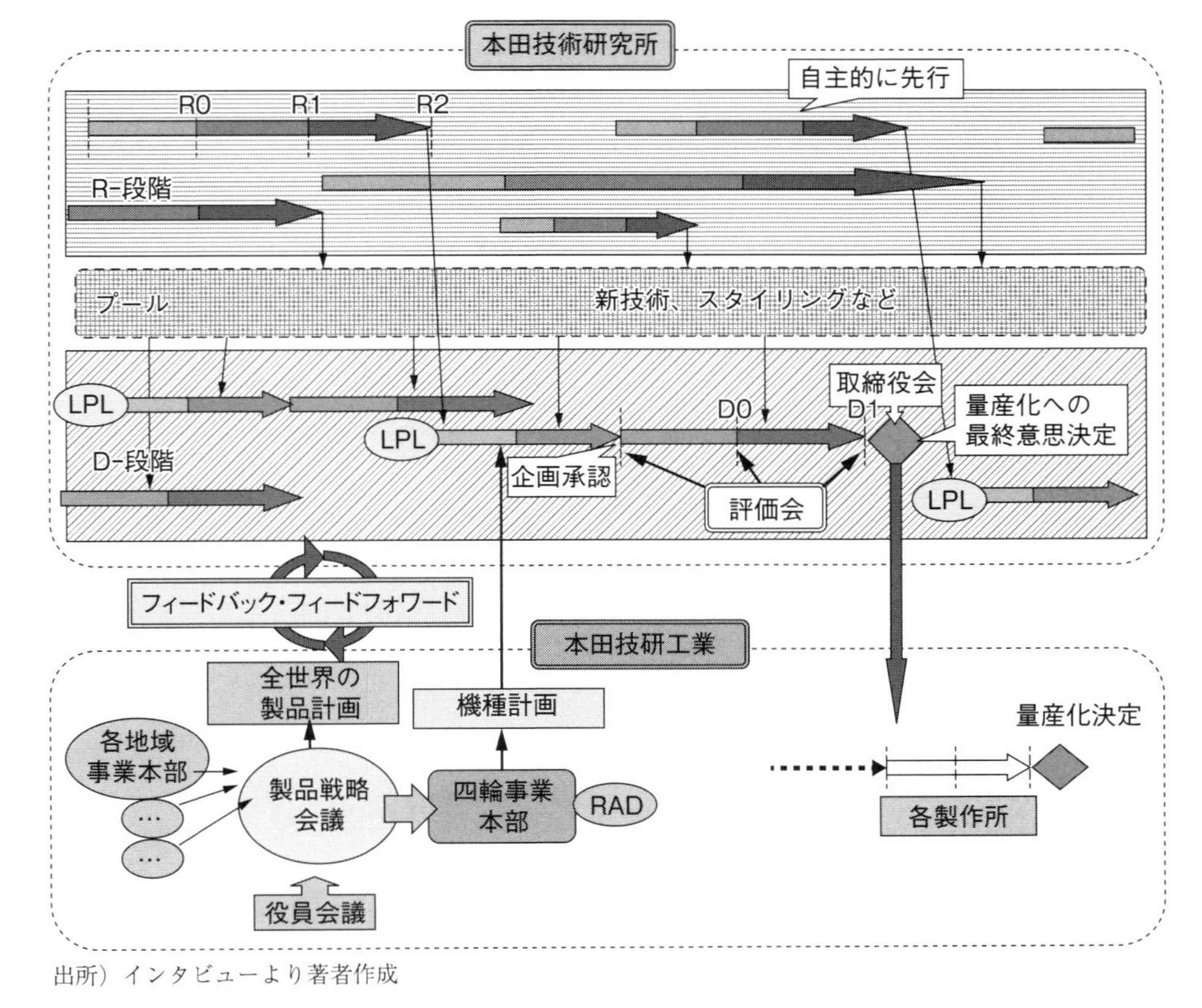

出所）インタビューより著者作成

後部座席の下にある燃料タンクを車両中央に置くレイアウト）」や、「世界一の低燃費エンジン」の採用も、特定の期間でギュッとつくれるということです。（本間常務）

ここに見られるように、製品開発にあたっては、本田技術研究所のなかで常に「R」といわれる研究が動いており、それを横目で見ながら、全世界での製品ラインナップに関する計画を踏まえた「製品戦略会議」が行われ、そこで決定した「機種計画」が四輪事業本部（四輪車の場合）から出され、製品開発のプロジェクトチームが結成される形になるとされる（図表9）[11]。

2 製品開発の方向性決定と「ワイガヤ」

そうした正式なチーム結成に先立って、10名程度の少人数で製品の方向性について、かなりの議論がなされる。ホンダの場合、こうした方向性を考える際には、「A００」と呼ばれる「本質的な目標」が検討され、それがさらに「A０（A０1-０9）」、「A（A1-99）」といったように、さらに具体的な内容になっていくとされている。そのベースとなる「A００」は、「ありたい姿」や「夢」とも置き換えられるとされ、その開発プロジェクトの方向性を決定づける重要な目標であり、実際には3行程度の文章にまとめられる[12]。

そして、その「本質的な目標」を設定するために、非常に長く深い議論が行われる。それによって、人数も多くバックボーンも経験も異なる開発メンバーの方向性がまとまり、先述の「製品の首尾一貫性」が高まることで、製品競争力を高めることにつながるといえよう。こうした製品開発を行う際に、ホンダ特有の「ワイガヤ」による徹底的な議論が行われている。この「ワイガヤ」とは、同社のWebサイトでは以下のように説明されている。

「『ワイガヤ』とは、『夢』や『仕事のあるべき姿』などについて、年齢や職位にとらわれずワイワイガヤガヤと腹を割って議論するHonda独自の文化です。合意形成を図るための妥協・調整の場ではなく、新しい価値やコンセプトを創りだす場として、本気で本音で徹底的に意見をぶつけ合う。業界初、世界初といった、Hondaがこれまで世に送り出してきた数々のイノベーションも、ワイガヤで本質的な議論を深めるところから生まれています」[13]

その具体的な内容や狙いなどについては、竹村常務は以下のように述べている。

元々、ホンダというのは技術屋畑から発祥した会社です。技術屋と商品づくりは、ある意味では相容れないところもあるんですよ。特に「マーケット・イン」なんていうのは、クリエイティブな技術屋にとっては水と油みたいなものです。発想の質や幅を広げていくためには、やっぱり誰かと議論して新しいアイデアなり発想なり、自らの考えとは異質な考え方との間で議論を重ね、スパイラルアップしていくことが非常に重要で、それが文化になったことだと個人的には思いますね。

商品づくりの取っかかりでいうと、われわれは必ず「ワイガヤ」をやります。この目的はいろいろありますけれども、何より本人のモチベーションが一番大事なんですよ。「ワイガヤ」というのは、社内では「冠省入山村」と言っているんです。「冠省」というのは「冠を省く」、それで「入山」、山の中の村で議論しようと、肩書きなどは一切排除して、お互い言いたいことを言い合おうと。ワイガヤは、私が知っている範囲でいうと、昔からマニュアル化されたみたいなことはないと思います。誰も疑問に思わずやっていることで、「朝起きたら顔を洗いましょう」みたいなことです。(竹村常務)

竹村常務が入社直後の頃の「ワイガヤ」についてこのような話が聞かれた。

私がまだホンダに入社して間もない頃のことですが、夜になると、会社で仕事をやっていると食事もできないし酒も飲めないので、関連メンバーがこの近くの安い料亭や旅館に籠もって仕事をする。そうすると、雑魚寝しながら、横になりながら、肘枕で話ができる。そうすると、発想もだんだん柔らかくなって本気で熱い議論ができる……と、当時はそういうことだったんだと思います。ただ現在では、マネジメントサイドからある程度計画して、何を目的に、何をアウトプットするための「ワイガヤ」をやろう、というふうに仕組むようにしています。(竹村常務)

自動車という製品の特性と、コンセプトの共有という点、動機づけという点で、以下のような話がなされた。

自動車でいうと、商品づくりに携わる技術屋さんというのは３００人くらいいて、その主要メンバーの「ＰＬ」だけでも10数人います。それで、一つの商品が同じコンセプトで貫かれてつくらないと商品はできない。そうすると、同じコンセプトと同じ目標を共有化するという作業は何が何でも必要になりますが、そのプロセスがすごく重要です。業務命令として、「この目標を守りなさい」「このコンセプトで各部品のコンセプトを定めよ」といってもろくなものはできない。いかに自らが目標を定めて、自らの意欲で自らモチベーションをわかせて、仕事をするかというふうにさせてあげる必要があります。何かしらの目標を明確に持ち、共有化するためには、やっぱりそのためのプロセスが要ると思いますね。（竹村常務）

ホンダにおける「ワイガヤ」の大きな目的は、先述したように立場に関係なく自由な意見交換を行うことによって、アイデアの「スパイラルアップ」を目指すことにあるが、それに加えて、製品開発プロジェクト全体でのコンセプトの共有と、目標の明確化を通じたエンジニアのモチベーション向上といった点にあることがわかる。ホンダにおいては、指揮命令系統を通じた指示によって開発メンバーの方向づけを行うのではなく、メンバーが自主的、自発的に考えることで、モチベーションを高め、チームとしての方向づけを行うことで、製品の競争力を高めることにつなげていることがわかる。そのために重要と思われることは、やはりメンバー自身が意思決定に参加する、ということにあろう。意思決定に参加することは、そのことに対する責任が発生することと同時に、その成果に対してメンバーが満足度を高めることにもつながるからである。ホンダでは、この「ワイガヤ」というプロセスを経て、メンバーのモチベーションを高めるとともに、製品の競争力を高めているといえる。

3　エンジニアのモチベーション向上

竹村常務がＬＰＬとして関わった3代目「オデッセイ」の開発に関しては、このような話を聞くことができた。特にここでは、製品の目標設定とエンジニアのモチベーション向上との関連について述べられている。

> 世界初の技術だったり、世界一の技術だったりといった「肩書き」のあるものに対しては、技術屋というのは燃えるんですよ。ところが、そういう「肩書き」のない技術に対してのモチベーションを上げるのは、すごく難しい。そういう技術のマネジメントが一番難しいんですね。「オデッセイ」の例で申しますと、あそこで言っている目標は何かというとすごく簡単で、「乗用車並みの走りがしたい」「カッコよくありたい」、大きくいうと、その2つ。つまりスポーツ走行も

できるぐらい走りがよくて、カッコいいと。では、それを踏まえて定量的に目標を決めようとすると、スポーツ走行にも耐えられるぐらい走れるようにするには、やっぱり重心高を下げるしかないんですよ。どのぐらい下げればどのぐらい走行性能が上がるかというのは、シミュレーションをやると全高を80ミリ下げないと話にならない。80ミリ下げるということは、車の高さは１６００ミリ以下ぐらいになるんですよ。そうすると、一般的な機械式立体駐車場は車高１５５０ミリまでという規定がありますから、じゃあ、そこを目標にしようかと。（竹村常務）

このようにして、「スポーツ走行に耐えられる」という目標を達成するための技術的な点から、目標値が定められることとなる。

背が低い車はカッコいいというのは、もう昔から当たり前の普通の概念です。全高を１５５０ミリの高さに定めると、背が低くなったから室内が狭くなったよねというと、これも当たり前で面白くも何ともないですよね。背が低いんだけど、いまの空間よりももっと広いというためには床を下げるしか他に手はない。そうすると、いまの空間よりも5ミリ広げて、全高を80ミリ落としたところで、床の線が決まるんですよね。誰が線を引いても同じ線しか引けない。つまり、そこがもう目標値になる。そこの下にタンクだったりサスペンションだったり、いろいろなものを薄い空間の中に押し込めようとすると、ものすごく大変なんですよ。ところが、そこには世界初の技術も何もいらない。狭いタンスに荷物をいっぱい収めるみたいな話です。大きいタンスであれば適当に放り込めば入ってしまいますけど、小さいタンスにたくさんモノを詰めようとすると、ああでもない、こうでもないと工夫しないと入らない。ところが、そんな努力というのは、技術屋にとっては歴史に名の残る技術を構築できるかというと、そうではないんですね。(竹村常務)

このように、実際の製品開発においては、「歴史に名の残る技術」ではないとしても、製品の競争力を高めるうえで非常に重要な開発作業というのが存在していることがわかる。

そうすると、技術屋が自らモチベーションを持って、それを発想して目標にすることはあり得ない。それは車全体の目標であって、そこで皆が「正義」を共有化できてそれができているといいよね、ということを共感しない限り、たとえばタンクを薄くしようという発想はわかない。薄くするというのはいろんな意味で大変なんですよ。

そうすると、「車全体のコンセプトはこうだよね」「目標値がこうあるべきだよね」「そのために燃料タンクがあるべき姿はこうせざるを得ないよね」というプロセスを経ずに、「このタンクを80ミリ薄くつくれ」と言われたら、どう考えてもうまくいかないんです。そこで必要なのが、

やっぱり先ほどのプロセスと、それを共有化するための「ワイガヤ」、どうしてもこれが必要になります。（竹村常務）

ここに見られるように、そうしたタイプの開発作業においては、エンジニアのモチベーションを高めることが大変難しいことがわかる。そうしたなかで、ホンダにおいては「ワイガヤ」という大変手間のかかるプロセスを経ることによって、動機づけとコンセプトの共有化が図られていることがわかる。

その「ワイガヤ」のなかで、ある程度意図的にそちらのほうに持っていくようにするようなケースもありますが、結論が完全に定まっているわけじゃなくて、ある程度の「ベクトル」は定めているけれども、どこまで遠くに石を飛ばそうという「距離」をみんなで議論して決める。そういうケースが多いですね。なぜかというと、結論まで決まっていて、それをブレークダウンしようとして「ワイガヤ」を企てると、そんなのは皆に意図がバレて、技術屋はプライドを傷つけられる。そんな作為的なことはできないですよね。ただ、このベクトルで本当にいいのかという議論だったり、そこのベクトルを、どこまで石を遠くに飛ばすんだという議論だったりを皆でする、ということが基本的に一番大事で、自分が定めた目標だという認識を持つことはすごく重要なことです。人に言われたことは80％の力しか出せないけど、自分が言ったことは１２０％出す。これは普通のことですよね。（竹村常務）

ここにも見られるように、ホンダにおいては「ワイガヤ」というフラットな議論の場を通じて、メンバーが意思決定に参加するというプロセスを経ることで、意識を高めモチベーションアップにつなげていることがわかる。この点について本間常務の著書においても、「スパイラルアップによって生み出された考えは、『みんなの考え』ではありますが、参加者それぞれの『私の考え』が入っていますから、結果としてみんなが『私の意見によって素晴らしいアイデアにたどりつけた』という喜びや高揚感を得られます。すると、モチベーションも上がるし、チームへの帰属意識も高まります」と述べられている[14]。

このようなフラットな議論の場を重要視しているところは、ホンダの組織文化であるといえよう。そして、議論を通じて製品のレベルアップが行われると同時に、メンバーのモチベーションを高めることにつながる、という成功体験が、組織文化として継承されてきているともいえる。ただこのプロセスにおいては、ホンダという組織の目指す「ベクトル」と、メンバーの考えとを、議論を通じて一致させる方向に持っていくことは非常に大変と考えられる。ここは、開発リーダーの力量に大きく影響する部分であろう。

さらに竹村常務からは、エンジニアのモチベーション向上のための「仕組み」として、以下のような話を聞くことができた。

技術屋って結局何のためにして仕事をしているかというと、自己満足なんですよね。「世の中のため」とかいろいろ言っていますけど、世の中に役立ったという自己満足を得るというのはものすごくうれしい。俺はこんな技術をつくったんだ、世界一のモノをつくってやったと、すごく自己満足が得られる商売。そうなると、技術者が自己満足を得られるような仕事の進め方だったり目標の立て方だったりがうまく回っていくと、こんなおいしい商売はないと思いますけどね。そういう面白いところを面白い仕事として、ちゃんとマネジメントサイドがわかっていて、いかに面白くさせてあげるかということは、すごく気を遣っているつもりですけどね。（竹村常務）

このように、竹村常務はエンジニアが仕事に対する満足度を高められることに、大変な配慮をしていることがわかる。さらに以下のように述べられている。

その仕組みとして、たとえば目標値の立て方、それから、「ありたい姿」の提案、これはトップダウンで押し付けることは極力避ける。いかにトップダウンで押し付けなければならない業務でも、ボトムアップだったり、やっているチームが自らの提案として打ち上げたりというかたちに、なるべく持っていかないと面白い仕事には絶対ならない。こういったことというのを、ものすごく気を遣っていますよね。

そして、それを要所要所でチェックをするとはいっても、そんなことは実際やり切れるわけがありません。ただ、基本は実務を推進しているメンバーが一番偉くて、それを管理監督しようとしても実際はできないし、やろうとしたら両方ともヘトヘトに疲れてしまう。調整は必要ですけどね。だから、自由裁量のもと、それぞれの開発チームが自らの発想で、自らのモチベーションでやっていくということです。（竹村常務）

ここに見られるように、製品開発にあたって会社から提示される条件は非常に少なく[15]、そこから先の部分については、開発メンバーのなかでの徹底的な議論を通じて、メンバー自身が「共感」を持つというプロセスを経ることで、モチベーションを高めてエンジニアの意欲と能力を引き出し、競争力の高い製品の実現に向かっていくという「仕掛け」が構築されているといえる。それに加えて、多くの技術が集約しているという自動車という製品の性質や、製造や営業なども含めたさまざまな分野も関係してくることから、そこには非常に幅広い多くのメンバーが関わることとなる。そのメンバーが目指す方向性を一致させていくことに多くのエネルギーが必要となると考えられることから、徹底した議論と、「ボトムアップ」によるメンバーの提案というプロセスを経ることで、製品のコンセプトがより高いレベルのものとなり、かつそれに多くのメンバーが「共感」することで、「製品の首尾一貫性」が実現していくこととなるといえよう。

言い換えれば、会社から提示される条件を必要最小限とすることで、メンバーによる徹底的な議論と「ボトムアップ」型の提案が必要となる。それはすなわち誤解を恐れずにいえば、トップを納得させられるような製品コンセプトをメンバー自身から生み出していくために、「ワイガヤ」というプロセスを通ってコンセプトを練り上げていかざるを得ず、それを行うことがホンダにおける「仕掛け」の一つであると考えられる。さらに興味深い点は、この「ワイガヤ」がオフィシャルな形で開発プロセスのなかに位置づけられているわけではないことであり、むしろ組織文化として根づいているように思われる[16]。

しかし一方で、「ワイガヤ」を通じた「ボトムアップ」によるメンバーの提案、という「仕掛け」を設けるだけで、開発メンバーが自然に良い意見を出して中身がスパイラルアップしていく、というわけではないだろう。メンバーの意見を受け入れる「仕掛け」をつくるとともに、メンバーが意見を出すようになるための「仕掛け」も必然的に必要となるであろう。この点については、後の章で検討していきたい。

エンジニア出身で元・本田技研工業株式会社の経営企画部長であった小林三郎・一橋大学大学院客員教授によれば、「ワイガヤ」は社外で、基本は三日三晩の合宿で行われ、一日の平均睡眠時間が4時間程度であり、一年間で平均して一人4回程度参加しているとのことであった[17]。こうした「ワイガヤ」には、徹底した議論を通じたエンジニアのモチベーション向上とコンセプトの共有という役割以外にも、別の役割があると考えられるが、それについては後述したいと思う。

4. 3代目「オデッセイ」の開発における事例

実際に、3代目「オデッセイ」の開発にあたっては、どのような議論がなされていたのかについて、竹村常務のお話を以下に紹介する。

初代「オデッセイ」では、通常の車に対して全然違うマーケットができました。2代目では、他社が同様の製品を出してきたので、うちも「走り」を頑張ったんだけど、差がどんどん縮まってきてしまいました。それで3代目はもう延長線上ではダメで、違うマーケットを探しましょうということになりました。

そこでこんな話がありました。ミニバン（背が高い箱形の多人数乗り乗用車）では「お父さんはしょせん運転手か」、いや、そうじゃなくて、「走りも楽しみたいんだ」と、これが本音なんです。プライドを捨ててミニバンに乗っている。もう我慢ならないだろう、と。本当は、この人はミニバンなんか乗りたくない、嫌いでしょうがないのを我慢して乗っているんだと。それが家族の幸せにつながるんだったら、それはうれしいことだよと自分で納得しているだけだと。だから、ミニバンは車内が広くなきゃいけないとか、いろいろ言うけど、全部嘘だと。こんなのは当たり前で、こんなのに応えるクルマをつくっても大したものはできない。こんなのは他社に任せてお

けばいいじゃないか、この人の本音は何だ、という議論をチームのメンバーを集めてするんです。（竹村常務）

このように、製品コンセプトを創出していく過程において、製品そのものというよりもむしろ製品のユーザーを強く意識した議論が行われていることがわかる。

チームで議論しているときは、たとえば、ミニバンを動物にたとえると「去勢された家畜」だと。いまのお父さんは去勢された家畜でよいのか、と。ちなみに、これを北海道のディーラーに話しているときに「うちのウシは家族だ、家畜をバカにしているのか」と怒られたんですけどね。話を戻しますと、たとえばチームのベクトルをまとめるためには、こういうのを決めるんです。動物にたとえるとお前はどんな動物だと言われたい、たとえば、ニワトリみたい、ブタみたい、ヘビみたいなヤツだと嫌だろう。じゃあ、どういう動物に自分をたとえたいかといったことです。ここがすごく大事で、たとえば人間像なんかは、ここに出してはいけないんですよ。人間を出してしまうと、たとえば男から見た女、女から見た男、その人に対する知識があるので、いろんな好みがありますから。スポーツ選手なんかをここに出すと、その人物像に対するイメージは人によってバラバラで、価値観やイメージの共有化にはつながらない。

こういった議論をチームでやることによって、どういうベクトルに向くべきなのかというのをだんだん合わせていくという作業です。これは、ものすごく時間をかけています。（竹村常務）

ここでは、さらに人物像を動物にたとえるということが行われるなど、一見遠回りに見えるようなプロセスを経て、メンバーのベクトルを合わせるということが行われていることが興味深い。

この黒豹の写真（新製品のイメージにつながる写真、ここでは黒豹の正面アップの写真）を選ぶのも2カ月ぐらいかけています。この写真も3千枚くらいのなかから厳選して、しかも、決めた写真を修整してあるんです。これは私一人じゃできない。車内で専任のメンバーに頼んで、毎日毎日写真選びをするんです。社内のベクトルをそろえるために、たとえば動物でたとえるとこうだよねといったことを、かなり莫大な工数と手間をかけてベクトル合わせをする作業をやりますよ。こういうビジュアルで、一目で見て理解されるような写真で示すことが、ものすごく大事です。人種だったり性別だったり年齢で、この写真から受けるイメージに差のないこと。そうだよなと共感を呼ぶこと。そのためにこの〝偶像崇拝〟をやっているんですけど、ベクトルを合わせるためには、それだけかなり綿密に作戦を練らない限り成立しないんですよ。（竹村常務）

なお、竹村常務の話に出てくる「黒豹の写真」については、著作権の都合で掲載できなかったが、こうしたイメージのビジュアル化がホンダでは頻繁に行われているとのことであった。

放っておくと、自分の担当している技術などに対して「正義」を勝手につくるんですよ。「俺が世界で一番軽いモノをつくってやる」、「俺が世界で一番安いモノをつくってやる」とね。それも大事なんですけど、それよりもベクトルを集中させてほしい。あなたの担当する技術や部品は、こういう内容にコンセプトを定めなければならない、と。安いとか軽いのも重要だけど、こういうことに貢献するためには、どういう部品でなければならないのか、というふうに、個々の部品と、個々の技術に、それぞれコンセプトがなければつくれないんです。このコンセプトに共感ができないと離れていってしまいます。そして、共感を持ってもらうのは強制ではできないから、「あ、そうだよな」とメンバーが思ってくれるコンセプトをつくることが一番大事で、これがない限り商品なんてあり得ません。これができたら商品の半分はできているんですよ。
こんなことをやっているバカな会社は少ないかもしれません。これは一見効率は悪いですが、ベクトル合わせがしっかりできれば、そのあとの作業はすごく効率がよい。（竹村常務）

この話にも見られるように、自動車という製品開発におけるコンセプト創出が、いかに重要な作業であるかがわかる。特に、ホンダという会社は日本の自動車企業のなかでは後発であることから、製品の差別化における重要性が高いことも、コンセプト創出に大変な手間ひまをかける理由であると考えられる。

3代目の「オデッセイ」でも、こうしたベクトル合わせをして進めてきました。このコンセプトを成り立たせるためには、床を低くしても広い、それで重心の位置を下げたいというと、天井を下げたら床を下げる以外に手がないですね。そうすると、薄い燃料タンクをつくって、小さいサスペンションをつくってと、ものすごく大変な、パズルみたいな作り方をするんだと。それぞれの担当者たちは、なんでこんな辛い思いをしてやらなきゃならないかと思っているかもしれないけど、これを達成するためにはこうするしかないよね、みんな大変だろうけど理解できるよね、ということで、床を下げるようになったんです。それで、全高が極めて低いのに、室内容積は極めて大きい。ここまでやったらお客様は絶対喜んでくれるね、と。（竹村常務）

さらに、製品のスタイリングや運転に関する部分については、以下のようなことが行われたとされる。

「美しさ」というほうは、「イメージはこうなんだよ」と、先ほどの黒豹の写真を右手に見ながらスケッチを描こうということで、こんな外観になりました。「走り」については、ミニバンの域を超えるくらいでないとダメだということで、かなり大変だけどそれを実現するエンジンをつくるしかないだろうと。また、ミニバンに必要なものをみんなに聞いてみたら、「乗り心地」のことをいうんですよ。これは「当たり前の価値」としてすごくよくしたうえで、「ハンドリング」も頑張って、スポーツカーにするんだ、それが「期待を上回る価値」になるはずだからということで、それに見合ったサスペンションの目標値が決まりました。そして、「走り」や「ハンドリング」を達成しようとすると、どうしても車体剛性をミニバンの域を超えたところまで高めないと、「明らかに違うよね」とお客様が言ってくれるものはできない。シャシーやステアリング、ブレーキコントロール、空力性能などなど、スポーツカー並みのトップレベルにまで持っていかないと、コンセプトに合わないということになります。さらに使い勝手やシートアレンジの工夫など、これを犠牲にしてスポーティーな方向に振ったら、そんな商品づくりは誰でもできる、犠牲なく魅力を付加することが難しいんだ、と。（竹村常務）

このようなプロセスを経て、最終的に「顧客の期待を上回る価値」の実現に向けて開発が進められている。

こういったミニバンとしての「当たり前の価値」は大きく進化をさせながら、新たに魅力を付加するということがすごく大事なことで、それができないと「期待を上回る価値」というのは到達できません。だから、それぞれのみなさんが担当する部品やシステムは、こういう考え方に沿って一台にまとめていかないと商品としては不合格になってしまいます。だから、クルマづくりは、チームの300人がこういう考え方に基づいてやろうということで進めていくわけです。（竹村常務）

ここにおいて見られるようにホンダにおいては、開発メンバー全体の方向性を合わせるということにかなりの時間とエネルギーをかけていることから、非効率にも感じられるが、方向性が合致することによって大きなメリットが得られることが認識されており、こうした開発の進め方が継承されてきていると考えられる。

こうした製品コンセプトについては、まず開発の主要メンバーが集まる10名以下の少人数によってつくられ、製品コンセプトやクルマの基本的なパッケージング（クルマの骨格や、エンジンや居住空間などの車内のレイアウトの構成）が決定される。そこから、先述の開発、製造、販売などのメンバーが集まって「S・E・Dチーム」によって製品企画が作成され、本田技研工業および本田技術研究所のトップによる承認を経て、実際の製品開発に移るという流れとなっている。そこに至るまでには、いくつかの評価ステージがあり、それぞれのステージにおいて確認される事項が決められており、それをクリアしながら開発が進んでいくことになる。

そうしたプロセスのなかで、コストダウンのための部品の共通化などビジネスの都合でやらざるを得ない、いわば制約条件のようなことも多々出てくる。そうしたなかで、チームのモチベーションを高め、製品のレベルアップを図るためには、どのようなことが行われているのかについて、竹村常務は以下のように述べている。


事業という観点を抜きに、技術屋の観点で言わせていただくと、「王道」なんてやったらつまらなくてしょうがない、「おととい来やがれ」という感じですよ。たとえば車の下回りは一切同じものを使わなければならない。だから、スタイリングを変えた車をつくれというような業務指示が下ると面白くないだろうなと。それによって新たなマーケットを創造するようなことはおそらく提案できないだろう、それはやりがいがないだろうなと。

ただ近年は、車台やエンジンの共通化はそこそこ真面目にやっています。しかし、「同じものを使え」みたいな縛りは、なるべく入れないようにしています。ホンダの場合は、最初は一応目安としては決まっているけど、それをどう解釈するかはチームに任せる。それで、事業的には不利になっても、やはり完全に新しいものに作り替えたほうがいい、という提案ができる実力があるんだったら持ってこい。その提案が、「そのチャレンジだったら一丁乗ってみるか。会社を動かしてみろ。それができないんだったら、これを使え」ということになります。つまり、スタンスは自由にやっていいけれど、そこに莫大な投資をかけることに対しては、会社を説得すればやらせてあげる、という感じでしょうか。（竹村常務）

このように、制約条件のようなものは入れず、なるべくメンバーの意思を尊重しつつ、徹底した議論を通じて上層部とメンバーとの意思疎通を図り、単なる妥協ではなく双方が納得できる点を探ることが行われていることがわかる。それは以下の話からもわかる。

そういったある程度大きな経営判断まで必要になるような決裁を、「評価会」のような正式イベントでやることはあり得ません。チーム全員が集まって、みんなやる気になっているのに、この提案はまかりならん、ということはしません。若い担当者にとって無意味な挫折感を感じさせても仕方がありませんから。そういう大きな判断をするときは、まずは「膝詰め談判」で行います。そこでは、「チームはどういうつもりだ」「僕たちはどうしてもこうしたいんです」といったように、本当に評価メンバーと開発チームとの「ワイガヤ」で決めるケースが多いですよね。（竹村常務）

ホンダでは製品の共通化などの制約については、会社としての方針があるものの、それが絶対的なものではなく、開発メンバーの提案内容によっては、それを変更する余地を残しているようである。この点についてもやはり、開発メンバーのモチベーションを高めることにもつながっているといえよう。その意味では、後述する「評価会」における評価メンバーの力量によって、メンバーからの意見をどのように判断するかが重要になってくるであろう。

その開発プロセスのなかの「評価会」の役割などについても、竹村常務は以下のように述べている。

「評価会」の役割というのは、ちょっと一言では言えないかもしれません。クルマの開発というのはご存じのとおり、確かに「抜け」や「漏れ」があってはいけないんです。品質、コスト、投資、法規、性能、仕様、装備、そして当然、商品力に対する目標も漏れてはダメ。もうがんじがらめの縛りがあるんです。それに対して最後に責任を取るのは当然経営陣ですから、失敗が起きないように、要所要所で失敗がないか、漏れなくそういう縛りはチェックできているかという、いわば「棚卸し」をするイベントが、経営陣としてじゃなくて、チームのなかで必要なんです。料理をするのに、ちゃんと材料はそろったか、賞味期限は切れていないか、オーブンの温度は何度にするのかということを、料理人は必ずチェックするでしょう。クルマは300人ほどの人間が関わるわけですから、それを別の人間である評価メンバーがチェックする、というイベントを設けることが大事なのです。つまり、チェックは終わったよね、いついつまでにチェックしようね、いついつまでにクルマ一台がこういう状況になっているのが浮き彫りになるようにしようね、と。こうした何かの「関所」がないと、「いやあ、遅れちゃいました」というのが続出するんですよ。たとえば、学校で講義に遅れたら完全にドアがロックされてもう入れない、単位が取れないとなれば、死にものぐるいで決められた時間に行きますよ。（竹村常務）

インタビュアーであるわれわれが事前に考えていたのは、こうした評価会の存在が開発メンバーの意欲を削いだり、商品が無難な方向に向かったりするのではないか、ということであった。それも踏まえて質問したところ、評価会の役割は、開発ステップ毎に決められた項目のチェックをすることで開発メンバーが進捗管理をやりやすくする、という役割を持っていることがわかる。

評価会のメンバーは、そんな細かいことまでわかりはしないんですよ。チェックする項目なんて1万個も2万個もありますから。それだけのチェック項目のなかで、評価会は1時間、資料説明は40分となると、全部できるわけがない。だけど開発チームにとって、外部からチェックだったり関所を設けたりというのは、開発チームにとって開発をスムーズに進めるためにはすごくやりやすいことなんです。その評価会では、たとえば象徴される10個を質問して、それに対する「答え方の自信」を見ているだけなんですよ。メンバーがちゃんと自分の業務に対して、仕事に対して、アウトプットに対して自信を持っているかどうか。評価会のメンバーといったって、しょせん四六時中そのシステムや技術を考えている技術屋に勝てるわけがない。そうすると、そんな短時間に技術論でこられると負けるに決まっているんですよ。だけど評価メンバーとしては、「技術屋としての経験」と、「技術に対する自信の度合を測る尺度」を経験に基づいて持っているわけですね。そうすると、たとえば品質保証に関して、「この寸法が4ミリであることの妥当性を説明しろ」と言うと、自信を持っていればちゃんと説明できるわけですよ。それだったら他の項目も大丈夫だろうな、ということを見ているわけです。最終的には、経営陣や評価メンバーが責任を取らなければいけないわけですから、「そういう自信に基づいた仕事をしてくれているんだったら、俺が責任を取っても大丈夫だな」といったように、いわば「度胸を決める会」と思っていただいたほうがよいかもしれない。（竹村常務）

ここでは、評価会メンバーが製品の詳細を確認しているというよりも、むしろエンジニアとしての自身の経験に基づいて、開発メンバーのいわば「本気度」を確認するという方法で判断が行われている点が興味深い。そのなかでは、「やり直し」も頻繁にあるとのことであった。

「やり直し」というのは、よくあることなんです。先ほど申し上げた技術のチェック項目は、大所でいうとコストの目標を達成しているか、そのチームが最も重要視している性能目標が達成しているか。たとえば図面の段階で、一台分の技術はできたけど、事業としてコストが大きく破綻していたら、それで試作車をつくってテストをしても無意味で、コストを机上でちゃんと成立させてからテストに入ったほうがいいんじゃないの、そこのコストの部分は、「評価会」をもう一回やろうよ、ということになります。先ほどのチェック項目以外にも、一応それぞれのステージでの判断項目、たとえば、最後は市場性だったり、その前は試作車をつくってテストしたり。試作車は一台が何千万円しますからね。１００台つくったら30億円です。それほどお金がかかるのに、やっても無駄なテストを許可するわけにはいかないですから、事前にチェックをして、ダメだったらもう一回となります。（竹村常務）

そしてこのような評価会は、過去の経験を経て、ある程度内容が公式化されるような形になってきているとのことであった。

「評価会」のあり方は、基本は昔と同じですが、以前はよく言えばざっくばらんに、悪く言えば大ざっぱに議論していましたが、それぞれのステップで判断する項目が明文化されて、システマチックに運用されるようになりました。（竹村常務）

5　ホンダにおける「ＭＭ思想」との関連

ところで、ホンダの特徴という意味では、先述した同社の「ＭＭ思想」を製品に反映させるという点で、開発においては早い段階から大まかなパッケージングを設定している。それが製品のスタイリングにも影響していることも興味深い。

ホンダの商品開発においては、クルマづくりの基本である「ＭＭ思想」に基づいてスタートします。それは、「人のための有効な部分は最大にする。クルマとしての機械の部分は最小にする」という狭義の意味と、もう少し広義な意味で、ヒトというのは、「夢」とか、「豊かさ」とか、「利便性」とか、「快適性」など、ヒトに対して最大の価値を与えるために、クルマをつくる側の「合理性」「効率性」「省資源」「省エネ」などは、とにかく徹底的に妥協なく極限までやるんだ、という考え方です。たとえば、「Ｎ３６０」（**写真３**）、「シビック」（**写真４**）、「アコード」（**写真５**）、「シティ」（**写真６**）、「フィット」など、ホンダの成長を支えてきたエポックメイキングなクルマです。これらの特徴としては、これをシルエットにしてみると、ずんぐりむっくりした、カッコ悪いスタイリングかと思います。しかし、これらの車は、その時代その時代で、合理的で機能的であると同時に、カッコいいと評価されて、大きな支持を得てきました。

写真3　ホンダ・N360

出所）本田技研工業（株）提供

写真4　ホンダ・シビック（初代）

出所）本田技研工業（株）提供

写真5　ホンダ・アコード（初代）

出所）本田技研工業（株）提供

写真6　ホンダ・シティ（初代）

出所）本田技研工業（株）提供

一般的には、クルマの開発や製造というのは、装置産業であり、お金がかかります。したがって、それの源であります生産工場に対しては、やはり経営的な観点がはたらきます。具体的にいえば、そういう経営の合理性等も配慮しながら、どこを新しくするか、どこを進化させるか、どこを継承するのか、というような、いろんな制約条件が与えられます。

一方、商品開発の部門は、その商品のお客さまを見ながら、割合自由に理想的なスタイリングから始めたりします。その現実の開発作業というのはパッケージングから始まりますが、先ほどの制約条件のなかで、パッケージやスタイリング、メカニズムも妥協しながら、何とかベターな妥協点を見つけていくのが、クルマの上手さということになります。したがって時々、「自動車工学は妥協工学」というような言われ方をすることもあります。（本間常務）

このように、一般的に自動車の開発においては、「ベターな妥協点を見つける」ということが多く発生していることがわかる。

しかし、ホンダの商品開発においては、クルマづくりの基本である「MM思想」に基づいて、「初めにパッケージありき」でスタートします。つまり、このクルマを使うユーザーにとっての合理性とか、ユーティリティーとか利便性を、いかに最大にするかということからスタートします。それに対して、メカニズムはそうした「ありたい姿」に対して最適なモノということになりますので、結果として、すべて新しくしたい、すべて高効率にしたい、すべて高性能にしたいという方向になります。そうしたデザインしにくいパッケージから始まりますので、スタイリングについては、得てしてずんぐりむっくりしたものとなりますが、それを何とかスタイリッシュに乗り越えて、克服する作業を求められます。結果としては新しいフレッシュなフォルムだとか、個性だとか斬新さが出てきます。こういうプロセスは高い結果が得られますが、良いことづくしではもちろんなくて、たくさんお金もかかりますし、開発者の苦労は非常に大きいものがあります。したがって、あらゆる開発商品に、すべてこういうプロセスが行われるわけではなくて、ホンダが勝負をかける戦略車種においてこういったことが行われます。（本間常務）

このように、ホンダにおける「ＭＭ思想」とスタイリングとの両立という点で、開発段階の早いうちからパッケージングを優先して考えることから生まれる、ホンダ製品のスタイリングの特徴を生み出しているといえよう。

これらに見られるように、ホンダの製品開発においては、全体としては非常に多くの開発メンバーが関わることになることから、製品コンセプトをチーム全体で共有するとともに、開発プロセスへの参加によって責任感とモチベーションを高めるための、さまざまな「仕組み」が取られていることがわかる。実際の開発においては、こうしたプロセスをフィードバックやフィードフォワードを繰り返しながら進められていくことになる。

(注)

(8) 藤本隆宏／キム・Ｂ・クラーク著／田村明比古邦訳『製品開発力―日米欧自動車メーカー20者の詳細調査―』ダイヤモンド社、１９９３年、52-53頁。なお、製品の首尾一貫性とは、「内的側面と外的側面を持つ。内的首尾一貫性は、製品の機能と構造との間の整合性のことである。部品同士はピッタリ合っているか、半製品同士は相性よく作動するか、レイアウトは最大限効率よく空間を利用しているか。外的一貫性は、製品の機能、構造、ネーミング等がユーザー側の目的、価値観、生産システム（ユーザーが製造企業の場合）、ライフスタイル、使用パターン、自己の個性等とどれだけ適合しているかを測る尺度となる」とされている。

(9) 藤本隆宏『日本のもの造り哲学』日本経済新聞社、２００４年、１２９-１３０頁を参照。

(10) 株式会社本田技術研究所、前掲書、85-87頁を参照。

(11) 長沢伸也・木野龍太郎、前掲書、１７０-１７１頁も参照。

(12) 小林三郎『ホンダイノベーションの神髄―エアバッグ、アシモ、ホンダジェットはここから生まれた・独創的な製品はこうつくる―』日経ＢＰ社、40-41頁を参照。なお、これらのさらに具体的な内容については、久米是志『「ひらめき」の設計図―創造への扉は、いつ、どこから、どうやって現れるのか―』小学館、２００６年、62-69頁に詳しい。久米は本田技研工業株式会社の元・代表取締役社長であり、「Ａ００」などの仕掛けづくりを主導したといわれている。

(13) ホンダグループ採用情報ＷＷＷページ（検索日：２０１６年4月20日）
URL：http://www.honda-recruit.jp/people/hondaism.php#ism14

(14) 本間日義、前掲書、68-69頁。

(15) 初代「フィット」の例でいえば、『世界最高水準の燃費で環境に寄与』、『Ｂセグメント（著者注：エンジンの排気量が１５００cc未満の小型車）に参入する』というだけで、それ以降は逆に開発メンバーが提案するという形態であったとされる（長沢・木野、前掲書、１５７頁を参照）。

(16) ホンダでワイガヤの方法論が明文化されていない理由として、「ホンダには、『明文化したり、制度にしたりすると、形骸化して、本当の良さが失われる』という根本思想があるから」とされている（本間、前掲書、24頁）。

(17) 小林三郎、前掲書、65頁を参照。またこうした宿泊形式の「ワイガヤ」を、「山籠もり」とも表現している（高橋裕二『自分のために働け―ホンダ式　朗働力経営―』講談社、２００７年、35-36頁を参照）。

第I部

ホンダにおける製品開発体制、開発プロセス、組織文化の継承

――「ホンダらしさ」の源泉を探る

第3章

「ワイガヤ」を通じた組織文化の継承と人材育成

――「ホンダらしさ」を残す、伝える、活かす

1 「ワイガヤ」について

ここまでは、ホンダの研究開発に関わる組織形態と開発プロセスにおける、製品競争力を高めるための「仕組み」はどのようなものか、ということについて検証してきた。そのなかで見えてきたことは、開発メンバーが議論を通じて本質を徹底的に追究しながら、自由闊達な意見を出し合う、いわば「ボトムアップ型の開発スタイル」を、ホンダの経営者が受け入れて尊重しているということにある。自動車メーカーとしては決して規模が大きいとはいえない同社が厳しい競争のなかで生き残っていくためには、こうした開発のスタイルを取ることによって、まさに「ホンダらしさ」が感じられる、差別化された製品を生み出していくことにつながっていることがわかる。1990年代の一時期においては、この「ワイガヤ」を否定する動きも見られたが、初代「フィット」の大ヒットによって、再びその有効性が見直されるようになった[18]。

一方で、経営者サイドでそうしたボトムアップ型の提案を受け入れる姿勢があるとしても、そのことだけで自然に開発メンバーが活発に議論し提案を行うようになるとは限らない。そのためのトレーニングを行う人材育成の「仕組み」が必要であり、それを通じて、ホンダの組織文化が継承されていくものと考えられる。そのための「仕組み」はどのようなものか。ここでは、それを実践するための重要な点として、「ワイガヤ」というものに注目して検証してきたい。

「ワイガヤ」については前の章でも触れているが、この「ワイガヤ」という言葉は2つの意味を持っているように思われる。1つは、いわばホンダにおける企業活動全般に見られる、議論を重視する姿勢を表す言葉としての「ワイガヤ」であろう。そして2つめは、前章で述べたような社外での合宿形式で、メンバーが膝詰めで徹底して議論を行い、特定の課題に集中して取り組むものであると考えられる（これは「山籠もり」とも言われているようである）[19]。

こうした「ワイガヤ」を通じて、ホンダにおける仕事の進め方や考え方など組織文化が、後の世代に直接的に引き継がれているのではないか、そのことを通じて、「ボトムアップ型の開発スタイル」というのが行われているのではないか、と著者は考えている。その点については、以下のように述べられている。

ホンダの組織文化を浸透させるために毎朝「企業理念」を読ませる、ということは一切していません。むしろ、「ワイガヤ」を通じて、「ホンダらしいというのはどういうことだ、世の中にホンダであることの意味はいったい何だ」といったことを議論する機会がすごく多いんですよ。たとえば「研究員」という、当社でいうとかなりの中核として業務を行うクラスに上がったときに、研修のなかで、「じゃあ、みんなでこれを議論しよう」と議論させたり、管理職になるときに、そういうことを議論させたりというような、「ホンダらしさ」と「ホンダのフィロソフィー」などに対する議論をする機会を、非常に多くつくるようにしています。

それに加えて、たとえば議論した内容に対して、われわれも入って、「それはそういうことじゃないんじゃないか、こういうふうに考えるべきじゃないか」という議論も、なるべく多くするようにしています。（松本執行役員）

一般に「企業理念」はやや抽象的になることが多く、それも含めた組織文化とは目に見えないものであるため、それを企業全体、そして製品そのものに浸透させていくことは非常に難しい。特にホンダのような大企業になればさらに難しいと思われるが、議論をする場を多く設けることで浸透を図っている点が興味深い。

たとえば、ホンダの「ありたい姿」は何だという議論をよくするのですが、これは理想論ですけど「ありたい姿」としては、常に前へ前へ動いていないと呼吸ができなくて死んでしまうような「回遊魚」でいたいよね、という話をしています。海底でずっと餌を待っているような魚じゃなくて、カツオみたいな、常に常に前に進んでいないと呼吸ができない、死んでしまう。前に行くと、うまくいって世の中をリードする市場創造型のマーケットを築く。そうすると他社さんが一生懸命追従してくるので、その間に次を考える、それで、またそこを追従してくる。これはものすごくいいサイクルですから、そうありたいねと。先に先に行くというのは、成功し続けさえすれば、ものすごく有利なことになる。もちろん、それができれば簡単なんですけど、なかなか

できないから、よけい面白いんですけどね。（竹村常務）

こうした議論に関しては、先輩からの影響が非常に重要であることも興味深い。

私も、ある先輩の影響を大きく受けました。その先輩はものすごく議論好きで、自分が議論していると、「そうじゃなくて、俺はこうなんだ」と来るので、「いや、あなたはそうおっしゃるけど、僕はこうやりたい」というふうに、いつの間にか言ってしまっていて、気がついたら、「そうか、お前はそれほどやりたいのか。じゃあ、やってみろ」と優しく言われて、「うーん、しまった」という感じですか。そういう典型的な、「２階に上げてはしごを外す[20]」という文化があって、その方を通じて影響を受けましたね。でも、昔と大きく違うのは、カリスマがいないことなんです。マーケットもとても広がっていますし、カリスマがいて商品だったり経営を引っ張ったりしていくような時代ではありません。だから、「ホンダらしさ」を継承するシステムがあるかといわれると、ないかもしれません。だけど、「議論を通じて継承する」という形が、一番顕著な例なのかもしれません。

先ほどの話に出た小林三郎さんにもずいぶん育てられましたね。私が「R開発」といって、機種開発ではなくて個別技術の開発をやっていたんですけど、三郎さんはそのときの相談役だったのです。個別技術というと、個別の技術を深く深く深く深く突っ込んで、研究成果として何かを出すわけですけれども、「資料をチェックしてください」と持っていくと、それを見て、「うん、いいんじゃないの。今日これを君の奥さんに説明してこい」と言われて、何を言っているかわからなかったんですよ。それで、「奥さんがそれはいいねと理解してくれたら、この資料はオーケーにしてやる。素人にわからない技術なんて、クソだ。わかりにくい技術をわかりやすく言えるのが一流で、わかりにくい技術をわかりにくく言うのが凡人。わかりにくい技術をわかりにくく言って煙に巻くのは、バカだ。おまえの、この技術はどれなんだ」といったような批判を、年がら年中受けていて、ずいぶん勉強になりましたね。（竹村常務）

また、創業者である本田宗一郎の考え方についても、こうした議論を通じて継承されていることがわかる。

僕は、本田宗一郎と直接お話ししたことはないんですよ。向こうのほうの廊下を歩いているのを見たことはある、せいぜいそれくらいなんです。でも、本田宗一郎というか、ホンダというものをすごく意識しています。今（このヒアリングを実施した２００７年当時）の役員は、直接本田宗一郎と話をしていて、チームでやっている「評価会」などでいろいろ議論するときに、ホンダの考え方というか、フィロソフィーといったものが、直接会話のなかで出てきたり、「うちは、こうはやらないんだ」といったように、意思決定を行うなかで出てきたりします。
いろいろと社内的に反発の時期もあったりしたでしょうけど。きっとホンダには、本田宗一郎や藤澤武夫を頂点とするようなフィロソフィーが、最高であり無二の価値として連綿と受け継がれて、それが形骸化しないのがよいところだと思っています。はじめから形式ばったものじゃなくて、非常にシンプルでわかりやすい、いまの時代でも充分通用する、そういうものだから受け継がれて最大のバックボーンとなっていて、それにみんなが集まってくるから、おのずと同じ波長で仕事ができるのだと思うんです。（松本執行役員）

ここに見られるように、ホンダにおいては「ホンダらしさ」に関する議論の場を多く設けることで、組織文化の継承を行っていることがわかる。先述したような、「ワイガヤ」を企業活動のなかでの幅広い意味での議論の場と捉えるのであれば、その「ワイガヤ」を通じて継承が行われていると考えることもできよう。この点について先述の小林客員教授は、「ワイガヤは単なる議論の場には留まらず、ホンダの哲学とＤＮＡを染み込ませるために欠くことのできない機会にもなっている[21]」と述べている。これについても、オフィシャルな仕組みというよりも、「ワイガヤ」を通じた継承の仕組みそのものが、自然な形で継承されているようにも考えられる。

少し前にも述べたが誤解を恐れずにいえば、ホンダにおける開発の組織形態やプロセスが非常に柔軟で自由度が高いことから、開発メンバーが意思決定に参加し、メンバー自身の意見を表明しないことには開発を進めることができないことから、「ワイガヤ」というフラットな議論の場を通じて、開発メンバーが物事の本質に至るまで徹底的に考えることで、開発チームの方向づけとメンバーのモチベーションアップを図り、製品の競争力を高めることにつながるようにデザインされているとも考えられる。結果として、そこでの成功体験が、ホンダの組織文化として継承されてきているといえよう。

ここに見られるような「ホンダらしさ」についての議論は、ホンダという企業の存在意義を確認することであると同時に、製品競争力の源泉につながる差別化の追求であるといえる。また、小林客員教授によればこうした「ワイガヤ」においては、「必ずホンダの存在意義まで立ち返って考える」とのことである[22]。また、先述の松本執行役員のお話においても見られるように、「評価会」での議論も、ホンダの組織文化を継承する重要な場所になっているようである。

なお、こうした「ホンダらしさ」の継承については、海外においても見られているとのことであった。

たとえばタイだったりアメリカだったり、現地で採用してそこで新人研修などを受けて、そこで育った人、当然人によってバラツキがあるのですが、日本のホンダの社員以上にホンダマンらしかったりするんですよ。現地でも、結構「ワイガヤ」をやっていたりして、フィロソフィーはかなり浸透していますね。それからそういった地域では、ホンダのイメージが非常に高いようなな

ので、「そういった会社に入りたい」「そんな仕事がしたい」と、とてもモチベーションが高く入社してこられます。（竹村常務）

それらの点を経営陣が強く意識して、マネジメントを行っていることも興味深い点である。さらに竹村常務からはこのような話が聞かれた。

極論すれば、個性のない人でもホンダに入れば感化される、みたいなところがあると思います。これも企業風土の一つだと思いますけど、「俺がやったらからこれができたんだ」「俺の知恵がここに入ったんだ」という言い方のできないモノは価値のないモノ、つまり、図面を描こうが、何を研究しようが、「あんたがやったから、これはどこが変わったんだ、あんたにしかできなかった新しいモノは何だ、それを説明してみろ」といったようなことが、真っ先に問われるんです。それに答えられないと、「オリジナリティーがなかったらコピーでいいじゃないか、コピーマシンのほうが、あんたより役立つよ。じゃあ、あんたは意味がないんだね」というようなことを言われるという風土が見られます。
それに対してしっかり答えることこそが自分の喜びにもあって、そこから、成果の高い、価値の高いものを生み出されるという常識が、これは、本田宗一郎の頃からありますね。システムを組んで「ホンダらしさ」を保とうとするよりは、そういう考え方だったり常識だったり、それを脈々と引き継ぐということのほうが、よっぽど大事だと思います。(竹村常務)

ここにも見られるように、エンジニアが個人としての考えや意見、能力を発揮し、それが組織や製品のなかで見えるようにすることで、いわば「承認欲求」が満たされ、「自己満足」の内容が組織にとってもプラスに働くようにするということが、強く意識されていることがわかる。

2 初代「オデッセイ」の成功体験

過去においてホンダでは、研究開発部門である本田技術研究所の主導によって製品開発が行われる体制となっていた。そのことは、エンジニアの自由な発想によることで、斬新な発想の技術やデザインが生まれるなどのメリットがある一方で、製造コストが度外視されがちになったり、必ずしも顧客のニーズと合致するものになっていなかったりというデメリットも見られ、そのことを「技研貴族」などと揶揄されることもあった。一時は会社の業績も下落することとなり、川本信彦4代目社長によるリーダーシップの下で組織改革が行われ、現在のような製品開発の体制となった。

そうしたなかで、初代「オデッセイ(**写真7**)」の開発が行われた。当時の市場では、多人数乗りのワンボックスカーなどの売上げが伸びており、ホンダでも同様の製品が検討された。しかし、そう

写真７　ホンダ・オデッセイ（初代）

出所）本田技研工業（株）提供

した製品を製造するための生産ラインを持っておらず、もしそうした工場を新設するとなれば、膨大な費用がかかることから、それを逆手に取って、既存の生産ラインで製造が可能なタイプの製品が開発された。その車種は「オデッセイ」と名付けられ、大ヒットにつながった[23]。

そうした経緯も踏まえ、そのことが３代目「オデッセイ」の開発にどのようにつながってきたのか、そこで「ホンダらしさ」がどのように見られているのかについて、竹村常務より以下のような話が聞かれた。

これはある程度マネジメントサイドの判断によるところも大きいですけどね。あの当時は、うちでいうと川本が社長をやっていたんですよね。初代の「オデッセイ」だったり、「ステップワゴン」（多人数乗りのワンボックスタイプの乗用車。**写**

写真8　ホンダ・ステップワゴン（初代）

出所）本田技研工業（株）提供

真8）の企画を始めた頃は、会社の状況があまりよくなかった。これは従業員もみんな不安に思うわけですよ。新聞では、どこかと合併かという話が出たりしていました。川本は、もともとレースが好きで、レース用のクルマを自分で楽しんで運転してしまうような人間でしたので、「クルマの社会は、ああやって腐敗されるのか」というぐらいミニバンなんかが大嫌いだったんです。

その川本が、「うちは温泉車をつくる会社になるんだ」というふうに、全従業員にPRした。でも、社長がそういうクルマが大嫌いなことはみんな知っているんですよ。うちの会社は元々、隙あらばスポーツカーをつくってやろうというヤツばっかりで、今でもそうなんですけどね。そういう人間のなかで、川本がそういうことを言うとなると、これは本気だということで、苦渋の選択でそこまで言うんだったら、みんなで頑張ろうよ、というような雰囲気はすごくありましたね。「大嫌いなオレがこれだけやろうと言っているんだ」というふうに、反対派を説得して、音頭を取って旗を振って、変えようとやったところが大きいのかもしれません。（竹村常務）

このように、初代の「オデッセイ」については、経営的な事情が大きく影響して開発がスタートしている。

その「オデッセイ」も「ステップワゴン」も、元々ホンダが得手であったセダン系の、あるいはスポーティーカー系のプラットフォーム、あれをベースにしたというところも大きいんですよね。元々、昔のワンボックスでよく見られた床下式エンジンやディーゼルエンジンもないし、スライドドアもできないという「ないない尽くし」でした。これらがないことは、営業サイドにとっては、ものすごく不利になるわけですよね。だけど、そういうクルマをつくろうとしたら、工場を作り直さなければならないので莫大な費用がかかります。そこで結果的には、ホンダが得手であったセダンのプラットフォームとエンジンルームで、あのクルマをつくったわけですよ。いわば、自分の得意な土俵を使って相撲を取っただけなんです。そこに他社が追従してきた。そうすると、うちはいつの間にか先駆者になっている。そうなると次々に新しいチャレンジができると。今までは、算数ができなくてすごく悩んでいたやつが、勝負を算数じゃなくて国語にしたと。それで、みんなは「あ、国語をやっているのは、何かいいよね」ということで、算数から国語にやってきた。ところが、前から国語をやっているホンダというのは、いつの間にか得意になってくる。一日の長があるわけです。ということじゃないですかね。同じジャンルで戦って、あとから来たのに、いつの間にか逆転してという構図ではないんです。（竹村常務）

ここに見られるように、これも経営的な事情から新しいジャンルの製品を生み出さざるを得ない状況にあったことが、逆にプラスに働いていたことと、それを通じて蓄積された技術やノウハウによって、ホンダが「先駆者」になり得た点が興味深い。

その当時は、ご存じのように「技研貴族」などといわれて、スポーツカーだったりスポーティーカーだったりといった、「ホンダがつくりたいクルマをつくる」という雰囲気だったんです。スポーツカーの世界というのは、ある程度それで引っ張れるんですよね。ところがファミリーカーの世界は、それでは全然引っ張れません。だから、ある程度世の中のニーズを先取りした読みをちゃんとやって、それに対してどういう商品を出すかという、スポーツカー好きのエンジニアの発想からは、かなり離れたところで発想しない限り、クルマづくりのコンセプトはできない。

けれども「オデッセイ」なんて初代よりも2代目、2代目よりも3代目と、いつの間にかどんどんスポーティーになっていて、だんだんやりたい車に近づいていっているんですよ。あの「ステップワゴン」も、少しずつ背が低くなって、少しずつ走りがよくなっている。（竹村常務）

ここからわかるように、この初代「オデッセイ」の開発を通じて、顧客ニーズの取り込みと製品コンセプトの新たな創出のやり方と、スポーツカーとは異なったエンジニアのモチベーションを高める方法が、生み出されてきたことがわかる。

ホンダでは、ファミリーカー、スポーツセダン、多人数乗りセダン、コンパクトカーと、さまざまなタイプのクルマをつくってきましたが、これらに共通しているホンダの成功体験というのは、「新たな市場開拓というところに強い、強くありたい」というところです。新たな市場開拓というのは、「今のマーケットにない車」「世の中のお客様のニーズを超えた車」というのか、「期待値をはるかに超える価値」といったところで、そこが得意でありたいと思っていて、成功体験もそこにあります。そうなると、それはクルマのジャンルは一つであるわけではない。一つの車のジャンルだけでマーケットを創造するものをつくろうとすると、これは限界がある。そうすると、世の中のマーケットに対して、「隙き間商品」というと語弊がありますけれど、今までお客様が気づいていない価値を提供するジャンルが、ここに新たにできるんじゃないか、そういうのが得意だとすると、すべての成功体験のクルマは違うジャンルであるはずだと思いますよね。逆にいえば、同じジャンルのクルマで市場を2回創造をするのは大変難しい。その意味で、成功体験のあとの次のクルマは難しいですよね。(竹村常務)

ここで興味深い点は、ホンダが得意としていなかった分野に対して、単純なトップダウンで進めていったというわけではなく、大枠としての方向性を踏まえつつ、実際に開発に携わるエンジニアのモチベーションを高め、新しい分野の製品を生み出していることである。またそのことに留まらず、その分野の先駆者である利点を活かして、世代を重ねるごとに少しずつエンジニアがやりたい方向に持っていっていることも興味深い点である。

そして、この3代目「オデッセイ」の企画決定に関して、面白いエピソードが聞かれたので、ここに紹介する。

3代目の「オデッセイ」の企画を決定する会議のときは、キープコンセプトのものと、かなりチャレンジングなものと、両方の企画があって、最終的にはその当時の社長だった吉野(著者注：吉野浩行5代目社長)に、最終的に決裁を委ねました。そこで吉野がこんなことを言ったわけです。「ホンダというのはチャレンジしないと存在する価値のない会社なんだ、みんな知っているか。だから、三振かホームランかというクルマと、ヒットを打てるというクルマと２台あったら、三振かホームランかというクルマを選んで、開発チームは三振しないように全力を出すんだ。それがホンダの存在価値じゃないのか、そういう会社じゃなかったのか、だったら判断はもう決まっているんじゃないか。以上だ」と、なんか社長らしい良いことを言うなあと思いましたね。（竹村常務）

もちろん、先述の川本社長の言葉にもあるように、どんな場合においてもこうしたチャレンジングな判断をするわけではないであろう。企業を存続させていくためには、その時々の状況などを考えたうえで、適切な判断をすることも必要となるが、しかし、少なくともトップがこうした自社の存在意義について強く意識し、経営判断を行っている点は大変興味深い点である。

３　ホンダの「徹底して考える」という組織文化

また、これまでのインタビューのなかにあるように、ホンダにおいては、徹底した議論を通じてスパイラルアップを図る、という組織文化があると考えられる。

たとえば、会議などのディスカッションの場で、ネームプレートが机の上に立てられていることがありますね。ホンダの場合はその裏面に、各国の言葉で「考えよう、考えろ、考えろ」と書いてあるんですよ。そういうところからも、みんながひたすらに考える、という文化がありますね。（松本執行役員）

こうした「徹底して考える」という組織文化のなかで、「ワイガヤ」などの議論の場を通じて物事の本質を追究し、メンバーの目標を定めていくということが行われている。その典型的な事例が、数日にわたる合宿形式の「ワイガヤ」である「山籠もり」であると考えられるが、そこでは具体的にどのようなことが行われているのかについて、小林客員教授は以下のように述べている。

実際の「ワイガヤ」では、1日目は、最初の2~3時間は上司や会社の悪口で始まります。それから多少ケンカ腰になりながらも、言いたい放題わあわあと議論します。そして、一緒に食事をしてお酒を飲んで一緒の温泉入って、2日目になると、「俺はお前が嫌いだ、嫌いなやつが2日で仲良くなるわけないんだよ、だけど言っていることはわかるよ」というふうに、度量が出てきます。3日目になると、ほとんどのメンバーが、ロジカルな議論に疲れてきます。そうすると、「人生観の戦い」になって、そこから「創造性」が生まれることが多いんです。イメージでいうと、

「効率性を上げると品質が下がってしまう、じゃあどうしようか」といったような場合に、その2つの課題を同時に解決してしまうような、新しいコンセプトを探すことが「ワイガヤ」なんですよ。だから、こういうロジカルな議論に疲れてきたときに、よいものが出ることがあるんです。（小林客員教授）

また、オジサンたちが「愛」を語り合うという。

ホンダでは「愛とは何だ」ということを、半日中議論しているんです。人間の「愛」が語れなければ、人間相手のモノづくりやサービスはできません。クルマでいえば「愛車」、カメラでいえば「愛器」と、「愛」が付くけれど、「愛冷蔵庫」とは言いません。つまり、クルマを冷蔵庫と同じ気持ちでつくってはいけないということです。ホンダでは、「愛」「人生の目的」「企業の存在意義」といったことについての議論を、「ワイガヤ」でそれこそ三日三晩やるんです。（小林客員教授）

ホンダでは、「ワイガヤ」を通じてこうした徹底した議論を行い、物事の本質を考えるというトレーニングが行われているとされている。小林客員教授の著書のなかでは、「ワイガヤ」は「熟慮を身につけるための道場」でもあり、「20回参加してやっと白帯。議論をリードするリーダーである黒帯（参加40回）を目指せといわれる」と述べている。[24]

4　ホンダにおける本質を理解するためのトレーニング

こうした「ワイガヤ」を通じて継承されている、「ホンダのしきたり」について、小林客員教授は、①「A00」、②「あんたはどう思うんだ？」、③「一言で言って何だ？」の3つを挙げている。1つめの「A00」については少し述べているが、これについてもう少し紹介する。

「A00」は何かというと、米軍が出す作戦命令書の1ページ目に「A00」と書いてあって、この任務の目的、基本要件が明確に述べられているものです。そのやり方を、3代目社長の久米さんが、本田技術研究所に取り入れました。私がこれで最初に「A00」にぶつかったのは、入社してすぐに「安全」に関する部署に入り、そのときの上司と一緒に「シートの安全化」について議論して図面を描いて、その図面を試作を行う部屋に持って行きました。そうするとその試作室のオジサンが、「A00」を言ってみろというわけです。そこで私は、「剛性を上げて軽くするなどする機械系の性能を上げたい」「衝突したときにシートが衝撃にならないように軟らかく潰れる特性を上げたい」「コストと重量を下げたい」と言ったところ、そのオジサンに「あんちゃん、それは違うよ。機械系の性能上げて何したいの？　コストと重量下げて何するの？　それが『A00』なのか？」って言われてびっくりしました。

つまり、目的と手段が逆だということなんです。そういうことを、試作室のオジサンまで全員に浸透しているというのはすごいことです。（小林客員教授）

ここでは「A00」とは何かについて説明がなされているが、それが持つ意味が、全社に浸透していることも注目すべき点であろう。


世の中の物事は、手段で呼ぶほうがわかりやすいために手段で呼ぶことが多いので、何が目的かを間違えてしまいます。何が目的かっていうことを明らかにすることはとても大事です。元々は本田宗一郎が言っていたのだと思いますが、私は久米さんによくそのことを言われました。

つまり、技術を開発するときに何が目的かを明確にしないと始まりません。技術屋はすぐに技術の話をするのですが、技術を分析することではなく、「価値」を創り出すことが目的ですから、世の中のお客様にとっての「次の価値は何だ」ということがわかっているということは、一番大事なことなのです。

本田宗一郎は、「研究所は技術の研究をするところではない、ここは人間の心を研究するところだ。お客様の心を研究して、お客様にとっての次の価値は何かを探すのが研究所の一番大事なことだ。そして、価値が見つかったら、それを手段である技術で実現するんだ」と言うので、とても驚きました。（小林客員教授）

ここでは、既に述べたように「ワイガヤ」を通じてその仕事の目的を「A00」という形で簡潔にまとめる、という作業が行われているが、その目的と、それを達成する手段としての技術とを取り違えないということが、組織文化として浸透していることも非常に興味深い点である。

2つめの「あんたはどう思うんだ？」という点については、以下のように述べられている。

「あんたはどう思うんだ」というのは、「自分の考えをきちんと持ちなさい」ということです。独創性っていうくらいだから。これも上司に、「安全なシートをつくるんだから、シート担当のところに行って聞いてこい」と言われて、「内装設計グループ」という部署に聞きにいったんです。「今度の車種のシートを安全化するって聞いたんですけど、どこをどうするんですか」って聞いた瞬間に、向こうの技術屋さんが、「あんたはどこをどうしたいと思うんだよ」って言われました。そこで、「いや、僕はそれを聞きに来たんです」って言ったら、「バカヤロー、お前は毎日会社どうやって来ているんだ」と言われて、「ホンダの中古車に乗って来ています」と答えたところ、

「じゃあ毎日クルマに乗っているんなら、今のシートがどうなっているのかわかっているだろう。お前は安全の部署から来たんだろう。どこをどうしたいか言ってみろ」と言われたわけです。そんなことがあって、それ以降は自分がどんなに知識がなくても、「私はこう思っているんだけど、これでいいですか」、もしくは、「私は安全シートっていうのはこういうふうに思っているんですけど、ここのところがちょっとわからないんです」って聞くようにして、そこから議論が始まる、といったようにしました。（小林客員教授）

ここで見られるように、自分で考え、自分の意見を持つ、ということが重要視され、それが日常業務のさまざまなシーンで求められていることから、そうした業務を通じて考えるトレーニングが行われていることがわかる。

ホンダでは、自分の意見を言わずに人を非難するのは「評論家」だと言われて、ものすごく嫌われます。まず、「自分はこう思うんだ」ということを必ず考えることが重要です。それから、ホンダでは、ユニークなことをとても大事にします。たとえば、意見を言ったときに、「あんたの意見はいいんだけど、いつもどっかで聞いたような話だなあ」とか、「だいたいあんたの話はつまらないよ」とか言われないように、いつもユニークなこと、他の人が言わないことを言う必要があります。そこで、「ちょっと面白いこと言うじゃないか。どこでそんなこと思いついたんだよ」と聞かれたときに、「学校で習った」「本で読んだ」と言うと、「誰かの受け売りか」などと言われたりします。ところが、たとえば「先週友達と原宿に行ったときに、こういうことありました」とか、「最近のお客さんはこうですよ」といった「原体験(げん)」、つまり、自分自身が体験した話だと、とても大事にしてくれます。「原体験」とは「本質の宝庫」だと考えますので、そういうことを奨励するし、そういった現場の情報を一番大事にします。本田宗一郎はそういうことを、われわれにすごく求めましたし、会社がまだ小さかったのに海外出張なんかもどんどん行かせてくれました。そうやって「原体験」を積んで、自分の考え方を深めていきました。(小林客員教授)

ここに見られるように、ホンダにおける「原体験」を重視するという考え方は、物事の本質を追究するうえで重要である、という組織文化に起因するものであろう。小林客員教授のインタビューに見られる海外出張については、初代「フィット」のLPLを担当した松本執行役員も、開発チーム発足の3日後にはメンバーでヨーロッパへ出張し、イギリス、フランス、ドイツ、イタリア、スペインの5カ国での実態調査を行っており、「特に出張報告書もなかった」(松本執行役員)とのことであった。

3つめの、「一言で言って何だ?」については、以下のように述べられている。

ホンダでは、複雑なことでも一言で言わないとバカにされます。本田宗一郎は、「素人にもわかりやすく説明できないのは、自分がわかってないからだ」とよく言っていました。たとえば、「自動車の安全とは何だ」と聞かれて、「自動車の安全とは、世の中に出るといろいろな事故があって、正面衝突を削減しようしても追突があって、歩行者やバイクもいて、交差点では…」と長々と説明するのはダメだとされています。「自動車の安全とは何だ」と聞かれて、「事故のときにお客様の怪我を最小にすることです」と簡潔に答えると、「わかった、ではどうやって最小にするんだ」というふうに続いていきます。つまり、いかに難しいことでも、一言で言えないというのは、本質がきちんと見えていないとされますので、そういう訓練を普段からしているほうがいいです。

本田宗一郎も、久米さんもそうでしたが、技術の議論をしていると、突然「お前の人生の目的はなんだ」と聞いてこられます。そこで、「会社で成果を出しながら家族を…」などとあれこれ言っていると、「バカヤロー！ お前は考えてないな。そんなことも言えないのか」と怒鳴られてしまいます。（小林客員教授）

ここまで見てきたように、ホンダでは「ワイガヤ」などの議論の場を通じて、「徹底して考える」「自分自身の意見を持つ」「本質を追究する」「目的と手段とを明確にする」「明瞭簡潔な言葉に落とし込んで共有する」などといった組織文化が継承されている。それとともに、そうしたプロセスにメンバー自身が積極的に関わるようにすることで、メンバーのモチベーションを高め、その能力を最大限活用する方向に持っていく、というマネジメントが行われているといえる。

第I部全体を通じて感じられることは、ホンダが「ホンダらしさ」ということに対して強い意識を持ち、次世代に伝えようとしていることであり、さらに、それを自社の強みとして活かすための取組みが行われていることである。

第1章、第2章で検証してきた、組織体制や開発プロセスについても、いわゆる「ライン型組織」のような明確な指揮命令系統によるトップダウン型ではなく、単純なボトムアップ型というわけでもない、トップマネジメントの意思と実際の開発メンバーの意思、そして開発メンバー間の意思を、「ワイガヤ」などの徹底した議論を通じて、手間ひまをかけた「すり合わせ」によるマネジメントが、公式な場面と非公式な場面との両方において行われている。こうしたやり方は一見遠回りに見えたとしても、結果として最善の道筋となることが、過去の失敗や成功体験を通じて理解され、組織文化に根づいていることがわかる。

(注)

(18) 本間日義、前掲書、186-194頁を参照。
(19) 高橋裕二、前掲書、35-38頁を参照。
(20) 「2階に上げてはしごを外す」については、小林三郎、前掲書、200-207頁、および、本間、前掲書、147-150頁を参照。
(21) 小林三郎、前掲書、70頁。

(22) 小林三郎、同上書、75頁。
(23) 初代「オデッセイ」の開発については、工藤恒夫『成長のマーケティング―企業成長への「3つの道」―』東洋経済新報社、1997年、259-279頁、『日経ビジネス』1995年1月30日号、24-28頁、岩倉信弥稿「ホンダにみる四輪デザイン戦略」、長沢伸也・岩谷昌樹編著『デザインマネジメント入門―デザインの戦略的活用―』京都新聞出版センター、2003年、59-109頁を参照。
(24) 小林三郎、前掲書、66-67頁。

第

部

本田技研工業（株）松本宜之専務へのインタビュー

――「ホンダらしさ」のこれまでと、これから

第Ⅰ部においては、ホンダにおいて「ホンダらしさ」をどのように継承し、自社の強みとして活かしているのかについて、組織体制、開発プロセス、そしてそこにおいて行われている「ワイガヤ」というものを通して検証してきた。これらについて、さらに理解を深めるために、四輪事業本部長をご担当されている、松本宜之・本田技研工業株式会社取締役専務執行役員（ヒアリング当時。以下、松本専務）に取材を行った。前回の『日産らしさ、ホンダらしさ』において取材を行ってから既に十数年が経過しており、さらにホンダ全体をマネジメントする立場にご就任された松本専務からは、大変貴重なお話を伺うことができた。前回の取材時と同じく松本専務の「熱い想い」を余すところなく伝えるため、以下では対談形式で掲載することとする。なお、前回の著作『日産らしさ、ホンダらしさ』のホンダに関する部分を、本書の付録として掲載しているので、そちらも参照されたい。

松本専務のプロフィール

【長沢】大変ご無沙汰しております。ご多忙のところ取材をお受けいただき、まことにありがとうございます。本日はわれわれも大変楽しみにして参りましたので、よろしくお願いいたします。

【松本専務】こちらこそよろしくお願いいたします。

【木野】では、本日の取材の趣旨を説明させていただきます。今回のコンセプトとしましては、「ホンダらしさ」とか「ホンダの遺伝子」といった内容を扱った書籍が、たくさん出版されているわけですが、今回の狙いとしては、そうした「ホンダらしさ」や「ホンダの遺伝子」が、「残っている」と

松本宜之専務

いうよりもむしろ意図的に「残す」、そして、それを「活かす」ということをされているのでは、といったような、少し違った見方からお話が伺えればと思っております。

【松本専務】 それが難しいんですけどね（笑）。

【長沢】 今日の松本専務のインタビューは、できればもう丸々収録したいなと考えているところです。

【松本専務】（隣席の広報担当・建部主任に）余計なことを言うようなら止めてね（笑）。

【長沢】 オフレコでといって削除される部分が一番面白いんですけどね（笑）。

【木野】 さて今回は、先ほど申しました「ホンダらしさ」を残すということで、その前提としても「ホンダらしさ」ということと、「本田宗一郎の遺伝子」ということは必ずしも一致しているわけではないと思いますし、ちょっとそういったこともお伺いできればと思っております。まずはそこに至る前に、松本専務が入社されてから現在に至るまで、どういうふうな道筋を歩んでこられたかをお話しいただけませんでしょうか。

【松本専務】 道筋は挫折の道筋なんですよ（笑）。私は1981年入社なんですが、最初は二輪の研究所のほうに研修で入りました。当時は、「HY戦争」（ホンダとヤマハ発動機による激しいシェア争い）というのがありまして、工場実習の後であの戦場に駆り出されたんです。実は私ははじめから四輪希望だったものですから、最初、二輪の研究所に研修で入って、正式配属の内示というか辞令が出て、「今いる二輪研究所でそのまま研修で、そこに配属だからね」と言われて、すぐ「もう会社辞めます」って言いました（笑）。「四輪がやりたくて入ったのに」という思いがあったものですからね。そう言ったら、翌年には四輪のほうに、なぜか1人だけ遅れて異動したんですね。同期の連中はみんなスムーズに、10月か11月ごろには異動していたようですが、私だけ年明けて異動になりました。それが最初のつまずきですね。

そして、当時は「ホンダといえばエンジン」というのがあって、われわれ技術系のなかでもエンジン設計というのは花形中の花形だったものですから、そこを希望したら、「おまえは足回りだ」ということで、サスペンションの担当になったわけです。大学では、内燃機関というのとはちょっと違って、外燃機関という、ちょっとズレたところを専攻していたんですが。僕は、学生時代はまた劣等生で、とても研究者には向かないタイプの人間だったんですよ。

【長沢】 いやいや。

【松本専務】 いや、本当そうなんですよ（笑）。まあそうやって結局自分の行きたいところに行けないというのがあって、最後に四輪のサスペンション設計のところに配属になって、いい加減ちょっと

写真９　ホンダ・インテグラ（1994年モデル）

出所）本田技研工業（株）提供

観念して、気持ちも改めて出直すつもりで、「シビック」だとか「アコード」などの設計の担当とかをずっとやっていました。その後何年後かちょっとはっきり覚えていませんけど、今度機種開発チームのプロジェクトのほうに、設計の「PL」と俗に言っていますが、プロジェクトリーダーとして入ったのが、94年モデルの「インテグラ」（**写真９**）という車なんですよね。実はその前にもう一回挫折していまして。その頃若い連中を勉強させるというか、部門内でずっと育て上げるというんじゃなくて、機種開発、機種プロジェクトを若い連中で提案しろという自主的に提案するチームが、上から「じゃあ、おまえと、おまえと、おまえでやれ」みたいな感じで、2～3チームできたのかな。先ほどのPLというものになる2年ぐらい前だと思うんですけど、一回やって、その時の経験というか勉強がかなり効いたというか、やっぱりこういうプロジェクトリーダー的なことがいかに面白いかというのを知った最初ですよね。

【長沢】 研修ってことは、疑似ロールプレーみたいなことをやったということですか。

【松本専務】 疑似プロジェクトチームをつくってやるんですよ。以前の本のなかにもよく出てくる「ワイガヤ」というやつを、それこそ宇都宮の駅の近くにある古い旅館みたいなところを勝手に予約して、当時、「製図台」というのがありまして、あれを部屋に持ち込んで、クルマのレイアウトというか設計をやったり、コンセプトをこう白い模造紙みたいなものに、仲間と一緒に酒を飲みながら議論して書いたりとかしていました。それで半年ぐらい仕事をやらなくて。自分で今日何やろうかと考えて、じゃあ、「今日あのホテルに行って泊っちゃおう」とか、じゃあ、「あそこに試乗会に行こう」とか、そういう半年ぐらいの時間があって、ほとんど今の自分の仕事に至る原型が、その遊ばせてくれたときに形作られました。そういういい時代だったんですよ。

【長沢】 ということは、いわゆる「ぶらぶら社員」みたいな感じだったということですかね。

【松本専務】 全くその通りです。当時は組合員だったので一応タイムカードは打つんですけど、特に何の仕事もないわけです。自分で勝手にエンジニアのところに行ったりとか、それから「こんな車はどうだ」とか議論したり、自分のところにいる若いやつに「ちょっとこれ検討してくれない」って言ってみたりとか。あれが一番いい教育だったかなと今にして思います。そういう余裕があったというんですかね。必要経費だと思うんですよ。自分で振り返ってみても、そういうのがとても役に立ったなと思うんですね。その後は、先ほど申し上げた94年モデルの「インテグラ」のPLをやって、その次に初代「CR-V」（**写真10**）のLPL代行をやったんです。そのときは研究員だったんですね。研

写真10　ホンダ・CR−V（初代）

出所）本田技研工業（株）提供

究員は組合員ということなんですけど、それのLPL代行というのは、まさにLPLの代行ですからかなり難しいというか、役的にはでかいですよ。そんなのを組合員である研究員にやらすかと（笑）。その機種は今でこそグローバルの収益を出す車種として台数を稼いでますけど、何回も起きてはつぶれて起きてはつぶれてというプロジェクトで、言ってみればあいつにでもやらせとけばというような程度だったんですけどね。それを経験してまたそのなかでチーム運営といいますか、やっぱり営業系の話だとか、いよいよ車一台分になりますからそういう付き合いが非常に多くなってきました。当時付き合っていた営業系のやつなんか、今でも四輪事業本部にいますけど、盟友に近い存在なんですね。その後は、いろいろと売れないクルマを、これはあんまり表に出していない、売れたクルマしか言わないようにしているので（笑）。その後がフィットのLPLを1997年ぐらいからですか、2001年に出てます

写真11　ホンダ・ロゴ

出所）本田技研工業（株）提供

から、4年ぐらいという、これまた異例にちょっと早い段階からプロジェクトをやっています。それは正規のプロジェクトじゃなくて、先行開発のプロジェクトという格好で、研究所のなかで独自に検討していたということなんですね。

【長沢】 ということは、まだ「ロゴ」（**写真11**）が出ていた頃ですね。

【松本専務】 いや、ちょっと正直に言うと、個人的には「あのクルマはホンダらしくないよな」というようなふうに思っていて、言ってみれば反面教師的に考えて振ってみたというのが、あの初代「フィット」なんです。

【長沢】 それは、「価格が勝負」みたいな車はホンダらしくないという意味ですね。

【松本専務】 いや、高くても売れるブランドをつくるというのが今私の最大のテーマなんです。でも、当時まだやっぱりブランディングというか、そういう企業の色を出すブランド志向というか、意図的に

写真12　ホンダ・シビック(欧州市場向け)と開発メンバー(中央左手が松本専務)
出所：本田技研工業（株）提供

形成するという企業のイメージが、「何でもやるというのを出す」というのがホンダだったので、ちょっとそっちに振れてましたね。それがきっかけで、2006年にヨーロッパ市場向けのシビック（写真12）とかをやって、その後こっちに来たんですよ。今からもう9年ぐらい前ですかね、懐かしいですね…というのがざっとの経歴なんですけどね。

【木野】 四輪事業本部に来られてからはどのようなお仕事をされましたか？

【松本専務】 四輪事業本部に来てから、「商品担当」というタイトルが付いていまして、商品ラインナップとかそういうのを決める担当だったんですけど、それを3年ほどやって、今度は鈴鹿製作所（小型車を中心としたホンダの生産拠点）の所長を2年やって、また四輪事業本部に戻って、「第3事業統括」という小さいクルマをメインとして、今度は本社が研究所を四輪事業本部的に見ていく、というのを2年ほどやりましたかね。その2年後にはアジア、タイ、インドのほうに2年行って、その後こっちに戻ってきたということです。

【長沢】その間に熊本製作所（ホンダの二輪生産拠点）にも行かれませんでしたか？

【松本専務】熊本には鈴鹿にいるときに行きましたね。自分の領域じゃないんですけど、これはぜひ行かなきゃいけないと。というのは当時鈴鹿製作所長でいたときに、熊本はちょうど二輪の小さい「S・E・D」を回す仕組みをつくっていたんですね。バイクの企画までやっているんですけど、そういうホンダの商品開発の仕組みというところでいうと、「S・E・D開発」にやはり特徴がすごくあって、かなり強力なんですよ。それを一体となってやるのを、特に二輪はぐっと凝縮して熊本でやっていて、それが始まったばかりだったんで、ぜひそれを見に行こうといって、見に行って、それを鈴鹿の軽自動車でもやろうとしていたところに東日本大震災が起きて、栃木の研究所も被害に遭って稼働しなくなっちゃったものですから、そこの軽の部隊を鈴鹿に呼んで、事実上軽自動車専用の開発を鈴鹿でやることになった。ちょうどいいタイミングでそういうふうにシフトできたんですね。

【長沢】それで前回の本では、初代のフィットでは、特に燃料タンクを運転席の下に入れればいいじゃないかというので、はみ出した部分を斜めにしてフットレストにしていたお話が印象的でしたが、その後でモデルチェンジしたらほぼフラットになっていますね。今でも少し盛り上がっているけど。

【松本専務】そうやってだんだん、初期の志を変えているやつがいるんですよね（笑）。

【長沢】それにしても、燃料タンクがどこかにはみ出すんじゃないかと思うんですが。

【松本専務】やっぱり燃料タンクを薄くする技術というのが、だいぶ熟成されてきたという背景があります。よくご存じですね。

【長沢】モデルチェンジしたらなくなっていて、あれっと思ったんですが。

【松本専務】言ってることが違うと（笑）。

【木野】前回のお話で、燃料タンクの出っ張りをフットレストにしたのは、「スモールカーなのだから、部品が3つぐらい役割を果たさないといけない」とも伺いました。

【長沢】そのなかで、「放下（ほうげ）」だとおっしゃったのが非常に私は印象に残っています。

【松本専務】あれは仏教の言葉なのかな。やっぱり、考えて、考えて、考えて、凝縮して行き詰って、ちょっと離れるとぽんとアイデアが出てくるみたいな。離して、落ちるとか下がるというか、そういう仏教の言葉があるそうなんですけど。そこまで考えて詰めて、フッと離れて客観的に見たときにパッとひらめくという体験をしましたよ、ということを以前にお話ししたんですね。

本田宗一郎の遺伝子継承

【長沢】それで、今回もタイトルに「ホンダらしさ」を使いたいと思っているんです。以前に松本様も、「『ホンダらしさ』が『本田宗一郎』とイコールだったら、本田宗一郎が死んだら終わりだよな」というようなことをおっしゃられていましたし、また、松本様自身も、本田宗一郎ご本人を廊下でちらっとお見かけされただけだそうですね。

【松本専務】ええ、そうなんです。和光研究所の廊下でね、向こう側のほうから歩かれていたのを見たことがあるだけなんです。

【長沢】 本田宗一郎ご本人を知っているとか、それこそ殴られた経験があるとか。おそらく岩倉様（岩倉信弥・元本田技研工業株式会社常務取締役）が、本田宗一郎が引退された直後からある程度の年限まで、本田宗一郎の代理、もしくは語り部みたいな役割を果たしていたんじゃないかと私は思っているんです。

【松本専務】 そうですね。岩倉は当時研究所のデザインをやって、その後商品担当の常務をしていたんですけどね。社内的な文章で、「○△□（丸・三角・四角）」ってご存じですか？

【長沢】 ええ、『かたちはこころ』[25]という本になっていますので。

【松本専務】 まさにあの人の言っているのは、本田宗一郎の言っていることを美的に解釈して、しかも哲学的に解釈して、それをわれわれは商品開発のなかで心構えなり何なり、それこそ仕組み的なところをバーンと言っていましたね。最終的にはちょっと合わない部分も出てきたのも事実としてありますけど、やっぱりホンダの商品に対する、あるいはデザインに対して一本筋が通ったのは、あの人が本田宗一郎のことを、ダイレクトじゃないかもしれないけど、いわゆる抽象化して一般論的にかみ砕いて定着していったというのは、かなり大きいと思います。ですから私も開発のときは、岩倉に初期のデザインを固めるときに恐る恐る説明に行くわけですよ。とっても怖い人ですから。だけどその岩倉が言うには、「お前、ヨーロッパの研究所の誰々と会ったか」と、そういう言い方をするんですね。要は「自分で悟ってこい」みたいなところです。そして、実際に会ってみるとその人の生きざまなんかも勉強させられて、こういうことを言っていたんだなとか、仕組みというだけじゃなくて、本当にフェース・トゥ・フェースで体感させて勉強させるといいますか、そういうのがあったのは大きいですよね。

【長沢】そうすると岩倉さんが受け継いで、今度は岩倉さんの後をまた誰かが受け継いでというようなスタイルで連綿と続いていくのか、やはり語り部的みたいにやるのは、1代はいいけど、2代、3代といくと、だんだんと薄れてくるから、そうじゃなくて仕組みで伝えようとしたのか、そこが一番知りたいところなんです。

【松本専務】私なんかの世代は岩倉もちゃんといて、本田宗一郎がいなくてもそういう「作法」というか、スタンスがこうなっていなきゃいけないと教わった。「イトヤン」と言われた伊藤博之はご存じないですか。「Mr. シビック」と言われて、歴代シビックのLPLをずっとやっていて、われわれLPLの先輩で今でもたまに会社に来て文句を言ったりするオヤジがいるんです。そういう人なんかはホンダのクルマって、商品ってこういうことをやらなきゃいけないとか、そういう話を聞く機会があったんですが、今のLPLの時代でいうと、残念ながらそういうものが若干薄れているなと私も思っています。それはやっぱりS・E・Dというものが十分機能しなくなりつつあるんだなというふうに思っていて、そこをもう一回立て直さなきゃいけないというのが今の私の思いです。ちょうどそういうタイミングで、「そうか仕組みの話か、まさにそういうことだよな」という感じで聞いてます。

【木野】松本様はそうした「ホンダらしさ」を残していかないといけないというお考えだと思うのですが、なぜそういうことに至ったのでしょうか。たとえば、そうしたこだわりは捨てて、自由に経営を行うという考えもあるかと思いますが、やはり「ホンダらしさ」を残すということに大きな意味があるとお考えだからでしょうか。

【松本専務】もちろんそうです。ただし、たとえばリーマンショック後に黒字を維持していたというようにおっしゃっていただいたのはありがたいですけど、実はそれだけでもないんです。最近の商品でいえば北米で発売した「シビック」がすごく評価されていて、ホンダも回復してきたといわれるぐらいになりましたが、今日のお話の「ホンダらしさ」については、この数年は停滞していた時期があったと私は理解しています。つまり、内部にいて僕らなんかは、黒字が出た反面で、言ってみれば「仕込み」がちょっと遅れたなというふうに理解しているんですね。それは何かというと、やはり事業軸だけで行き過ぎたきらいがあって、開発を主導していく研究所が、市場を肌で感じながら自分たちで自信を持って進める、言ってみれば「正義」を語るということを忘れつつあるというふうに思っているんですよ。

【長沢】事業軸という意味を平たく言えば、いわゆる「儲かるクルマをつくること」でしょうか？

【松本専務】儲かる、台数が出る、マーケット・インのど真ん中に入ってくる、みんなの評価なんかも「勝ってる、勝ってる、勝ってる」と言うんですよ、どういう軸を取っても。確かに、みんなが勝ってると言ってくれたほうが安心するじゃないですか、でもそれが果たして僕たちが求めていることなのかということですね。今日のお話の趣旨とは異なるかもしれませんけど、これはもう一回やり直さなければいけないなと、私は素直に思っています。

【長沢】その、勝ってるというときの仮想敵国とは？

【松本専務】敵国、それがそもそも違うんじゃないかと。マーケット・インでお互いに誰が敵だと見て、そうやって勝つということぐらい嫌でもあるんですよ。その勝ち方も中途半端な勝ち方で、お互いに見ていると同質化するんじゃないかなと思うんですね。だから僕らが初代「フィット」をやったときに、当時、トヨタさんに「ヴィッツ」という車があって、そこを意識するものの、見過ぎてはいけない、自分で抑えなきゃいけないと思うんです。同じ価値観になってしまうので。だからよく当時の「評価会」でも、競合車より大きくしてどうするんだ、軽くしないと燃費が出ないぞと正論を言われるんだけど、そうなったら終わりで、そこはやっぱりお客さんを見て、時代はこう動いているという肌感覚をリーダーなんかが持っていないと、そういう抵抗もできない。そこはこれから直していかないといけないなと思っているのも、正直な実感なんですよね。

【長沢】それは要するに、他社にここが勝っている、負けているなんていうレベルのことを言っていたらダメなんだという意味ですね。

【松本専務】ダメ。もう同じ土俵で「勝っている」、「負けている」と言っているようじゃ終わりだねと。もう「土俵を変えて違う土俵に行く」ぐらいでないと。それをつくり上げるというか、価値を創っていくという感じですかね。こういうのは、それこそ本田宗一郎や岩倉だとかいう一般論じゃなくて、具体的に「評価会」だとか、「ワイガヤ」とかそういう議論の場で突き詰めていかないと、伝わっていかないと僕は思うんですね。われわれの世代は「評価会」は本当に真剣勝負で、本当に「評価会」で教えられたというのが多かったですよね。

【長沢】ホンダがちょっと変質したかなというのを感じるのは、少し前に「600万台」なんて台数が目標になってしまった時期でしょうか。

【松本専務】本筋としては台数じゃなかったのですが、そうした数字で出てしまうと、そっちかというふうになってしまったんだと思うんですよ。それに途中で気がついて、今年発売する「シビック」あたりでは修正しているんですけどね。正直なところ、ホンダの商品ってしばらくは大したことなかったじゃないか、というふうに言われていると私は思っているんですよ。ですから、そこでいい「仕組み」を持っていると言われると、気恥ずかしいものがあって、ここは正直に申し上げたということですね。

「評価会」と「ワイガヤ」

【長沢】 先ほどの「ワイガヤ」と「評価会」ということでは、「ワイガヤ」は有名なんですけど、われわれは「評価会」も「ホンダらしさ」の結構重要な仕組みとして機能しているんじゃないかと思っていまして。あと「ワイガヤ」も突き詰めると、「山籠もり」イコール「ワイガヤ」なのかなと。「山籠もり」して「ワイガヤ」しない「山籠もり」もあるんじゃないかとか、そう考えるとわれわれだけで考えてもわからない。それで、もうお伺いしようということで、まず「ワイガヤ」で、「山籠もり」イコール「ワイガヤ」なのか、「ワイガヤ」をしない「山籠もり」があるのかについてはいかがでしょうか?

【松本専務】「ワイガヤ」って一般的な社内の定義では、「ざっくばらんにポジションや役割などそういうものを度外視して話しましょう」という「ワイガヤ」があります。それは何だかんだいってある意味で、一般的で表層的なもので終わりです。ただそれを「ワイガヤ」と言っている人もいますけどね。しかし、われわれが本当にやろうというときの「ワイガヤ」というのは、「突き詰めて考える」ということに行き着いてきます。それには先ほどのポジションとか役割を外すというのは当然なんですけど、本当に突き詰めた議論をします。それは何のためにやっているんだ、みたいな。

それには長時間「なぜ?なぜ?」みたいなことをやっているから、ある程度閉鎖された場所なりに行かないと、電話がかかってきたりとか、僕はここまでですからとかいって、気が散ってしまいます。そうなると議論にならなくなる。それでついつい山に行くと、そこに宴会とかが入っていると、より一層盛り上がるわけですよ。だんだんと自分のタガも取れてきます。昔のエンジン屋の「ワイガヤ」なんて、燃費を高めるための「ワイガヤ」とかもするわけですよ。するとだんだんと「狂気」に入ってくるわけですよ。正気の沙汰じゃない。「まあ、いいか、こんなんやっちゃおうか」という発想で、いろいろな燃費を高めるための弾(たま)とかが出てきて、そこをまとめていって、だいたい「ワイガヤ」で燃費が達成されるんです。

ですから、本当のわれわれの言う「ワイガヤ」というのは、突き詰めて考えていって、最後は飲んだり、温泉に入ったりして、さっきの「放下」じゃないですけど、温泉に入ったら今度は逆にふっと、「こんなことやればいいんじゃないのか」とかね。突き詰めた勢いが余ってこうやると、そういうときに飛躍するわけですね。本間の本のタイトルにもありましたが、「偶然のひとことから生まれる」とかね。「そういえばあいつ、あんなこと言っていたな」とか、「俺も間違っていたかな」とか、温泉に入っているときに思ったりするわけですよ。翌日の会議だとかその後の飲んでいるときに、そういうふうに話をするんです。「放下」と「勢い」というところを期待して、言い合っているんですよ。

【長沢】そうすると「ワイガヤ」というのは物理的な時間をかけて1カ所で、しかも山に籠もってという、物理的なセッションの名称ではあるけども、ある意味そういう考え方、要するにもう役職なんか取っ払ってとことん突き詰めてやるという、そういう考え方も含めて「ワイガヤ」と言うと考えてよろしいでしょうか？

【松本専務】もちろんそうですね。これは、昨今なかなか研究所でもあまりやられてないようなので、それはいかんと思うんですけどね。

【長沢】もし「ワイガヤ」が物理的なセッションだけではなく考え方だとしたら、必ずしも「ワイガヤ」のセッションを持たなくても、「ワイガヤ」的に進めるということは可能なんでしょうか。

【松本専務】理屈上は可能ですけど、人間はなかなかそこまでいかないですよ（笑）。やっぱりどこかに缶詰めになってみないと、というのはあると思いますよ。われわれもそれを期待して、ちょっと別のところに行ったりしますから。私が四輪事業本部に戻ってきたときには、わりと「山籠もり」をやったんですよ。やると、やっぱり議論のスピードが結構速いんですよね。ずっと煮詰まっていたのが、やると何か出てくるんですよね。

【長沢】それは短時間で集中するから速いのか、それとも逆に煮詰まって苦し紛れに良い案が出るから速いのでしょうか？

【松本専務】みんな手ぶらで来るわけではないので、一応何か考えを持ってくるんですよ。何か考えを持ってきたヤツがスタートポイントになって、それがいろいろな見方のなかで、「これは全然違うんじゃないの」とか、「こんな感度もあるんじゃないか」とかいうふうにいきますから、まあ、両方

長沢伸也（編者）

あるかもしれないですね。要するに、いろんな人の目に触れて議論することによって、化学反応を起こすといいますか、それがかなり効いています。全然キャリアもそれから年齢も、経験も当然違う、感覚も違う人が集まっているので、本当にいろいろな見方が出ますよね。

【長沢】 それは海外のチームのメンバーは、それこそ人種や国籍も違うのが集まるから、「ワイガヤ」なんて言わなくても「ワイガヤ」状態になるんですか？

【松本専務】 私もインドにいましたけど、海外にいればそう簡単になるかというほどでもなかったですね。やっぱり突き詰めて考える。彼らインド人、日本人も含めて、やはり「ワイガヤ」という格好を「仕組み」としてやったら、確かに一応成果は出ますよ。人種が変わってもアイデアが出るのかというより、やっぱり突き詰めてお互い考えることだと思うんですよね。

【長沢】 そういう意味では、われわれは「評価会」についても注目していまして、先ほどのお話で、松本専務も「評価会」で随分コテンパンにやられたそうでしたが。

【松本専務】やられましたね（笑）。

【長沢】そのコテンパンにやること自体に、何か意味があるのではないかと思っているんです。重箱の隅をつついたような意地悪な質問をして、とにかくLPLがちゃんと答えると、「ああ、しっかり考えているな」と。逆にそこをついて動揺しているようでは、「まだ突き詰めて考えてないな」と、それを見ているんじゃないか。

【松本専務】大きくいうとそういうことですよ。たぶん、私がチームをやっていて評価されるときは、そういう反応を見て評価しているんですよ。まあ、こいつならいいかということで。こちらが説明しているのにお茶を取りに行ったりとか、全然聞いてない（笑）。そういう端々に、「ああ、こいつらはこんな感じか」と全体を察しちゃうんですね。

私なんか最初の「評価会」のときに、もうボロクソに言われましたからね。「よくこんなチームをやっているな」みたいな。「こんなチーム見たことがないというぐらいひどいチームだ」と。[26] 僕は、それは何を言われているのかわからなかった。「何でこんな言われ方をされているのかな」と、それで考えるわけですよ。そこから仕事が始まるわけです。あとチームの部屋に戻ってきて、「あれは何を言われたんだろうな」みたいな。もう理由がわからないから、ずっと立たされるんですよ、プレゼンのスクリーンの前で。当時は今みたいなプロジェクターにポインターじゃなくて、指し棒でやっていましたから、棒を持ったまま立たされて（笑）。そういう屈辱なんですけど、そういう手痛いこっぴどく人間性を否定されるようなことを公衆の面前で言われるんですけど、そこによってはじめて考えが始まる。突き落とされて始まる。その代わり「今度はこうしよう」とか、「今度は『死んだふり』をしよう」とかも含めてね、とりあえずこうやるかみたいなことで。そういうことによってまたチームも一体感が出るんですね。

【長沢】 そのフィットの「評価会」のプレゼンでいくと、松本さんは本心とは違うプレゼンをやることもあったのでしょうか。

【松本専務】 時々「死んだふり」もしました（笑）。「本意ではないが、とにかく今日はこれで」、「この部分は本質的な議論じゃないから、まあ、いいか」というようなことも。私はそういうのができるタイプだから。「超・純真」なわけではないので（笑）。

【長沢】 それは非常に意外ですね。松本専務は直球勝負の人で、クセ球は投げないと思いきや。

【松本専務】 そう思わせて、意外とチョロっとクセ球を投げます（笑）。そうしないと直球だけでは生きていけないと思いますから。時々、「直球勝負一本」というヤツがいますけど、「人、相手によってはたまには変化球も投げろよ」と。要は本質的なことさえつかめればいいわけで、人それぞれに、直球だけ投げても直球だけが評価されるわけではないのでね。そういう無駄な抵抗はすべきでない。そういうので逃げてもいいんじゃないのと。大同小異というか、小異を捨てて大同に就くといいますかね。

【長沢】 ということは、これだけは譲れないというところと、もうここは譲ってもよいというところと、ご自身で明確に持っているということですかね。

【松本専務】 「そのプライオリティーはどこなんだ、３つ言え」といっても、それを絞り切れているかどうかというのは、本人が本当に研ぎ澄まされて考えたか、というふうに突っ込むんですよ。これもひとつの仕事の流儀というか、やり方だと思うんですよね。

【長沢】 松本専務のキャリアでは、どのあたりから、「評価会」で逆に評価する側に回られたのでしょうか？

【松本専務】 本社に来てからですね。それは良い「評価会」ができたかというと、やっぱり達観した「評価会」ができるかというと、それは相当時間がかかると思うんですけどね。私はそれは正直に認めます。そんなに簡単じゃないんですよ。やっぱり本質を見抜くみたいな言い方というのはね。

【長沢】 それは、かつてご自身がやられたような「評価会」を、自分が評価する立場になったらやろうと思ってらっしゃるのか。やっぱり時代も変わったし、変えるべきところと変えないところというふうにお考えなのでしょうか。

【松本専務】 そこはたぶん変わらないと思います。ただ、そこがうまくできているかどうかという結果はありますけどね。その提案なりチーム側が、そういうレベルになかなか達していないというところに、最近の商品が低迷してしまった根源があるんじゃないかなと思っています。それはやっぱり「S・E・D開発」という、会社が金を出して面白いことをやっていいと言われている最大の「うまみ」を使わない、言われたことだけをやってりゃいいみたいな風潮があるものですから、そこは打破しなきゃいけないなというのが最近思っていることなんですね。やっぱり組織が硬直化したりするもんですからね。

【長沢】 「最近の若い人は…」なんて言うと年寄りみたいだけど、大学にいると、学生全般が優等生っぽくなりましたよね。

【松本専務】 優等生が優秀みたいに見えてしまう、言うことを聞くやつが優秀に見えてしまう、評価してしまう風潮を排除しなきゃいけないと思うんですよ。やっぱりクリエイティブな世界の話をしているのですからね。クリエイティビティーというのはやっぱり細部で起こって、メーンストリームじゃ起きないんですよ。氾濫は細部で起こって、そこからの変化を活かしてやるというマネジメントをやらないと、やっぱりただ潰れていったり、あいつはこういうヤツだからという人事でまとまってしまうと、いろいろと面白い人間や面白い商品をつくるやつが出てきづらいと。ホンダの最大の面白みというのは、やりたいことがやれるかどうかだと思うんです。僕が最初のキャリアに行ったとき、やりたいことができなかったと言いつつも、いつも目指していたのは、やりたいことをやりたいということとです。それをやれる会社だというのが、やっぱり従業員も生き生きと働くし、会社としても面白いものができてくる。ちょっとそれが最近薄れているというのがあるんじゃないかなと思っているんですけどね。

【木野】 理想的には「評価会」というのは、まさにそういう人たちが本当にやりがいを持って仕事ができているのかというのを、確認するような会議といったらいいのか、そういうイメージなんでしょうか。もしくはそういうふうに持っていく必要があると。

【松本専務】 そうですね。今どきでいうと、北米のオハイオに研究所があるのですが、あそこのチームの「評価会」はかなりそれがまだ生きているようです。まあ、米国人だからというのもあるかもしれないですけど、堂々と主張し、こちらが確認しても絶対です。彼らはホンダのやり方、日本のやり方を勉強して、そこが主になっているという感じがしますよね。大変面白いですよ。真摯な態度でありながら、本当に彼らは必死に突き詰めて考えて。ついつい われわれは結果的には600万台という数値目標で進んでしまったところの、負の面がちょっとまだ引きずられている感じがあって。そこはやっぱりもう一回取り戻さなきゃいけないというふうに思っています。

【長沢】「評価会」でそれこそ偉い人に評価されるとなると、普通はよく準備しますよね。社長をはじめ偉い人は、「よほどのことがない限りは全部通す」みたいな判断をする会社も多い。要するに形式であっても、社長の前でプレゼンするからというのでよく準備すれば、それでそのことに意味があると考える会社もあるようですが。

【松本専務】それはないですよ。ないんですけど、紙の枚数が多いというんですか、ついつい枚数で勝負に来るきらいがあって。要は枚数で来るということは、絞られていないということなんですよ。

【長沢】それは「評価会」の資料の枚数が多いということですか。

【松本専務】プレゼン資料で、枚数が80枚とか出たりするわけですよ。

【長沢】それこそ「紙バトル」ですね。

【松本専務】まさに「紙バトル」です。50分くらいバラバラにしゃべっているわけです。そういうのはもう基本的にダメ。やっぱりレベルが低いんですよ。だから今言っているのは「結局何が言いたいんだ。とにかく『1枚ベストで』というぐらい、研ぎ澄ましてこい」というね。それも「仕組み」なり、やり方のツールだと思うんですね。パワーポイントみたいなツールなんかないから、昔はA3の紙が2枚ぐらいかな。そのなかに小さくコンセプトを手で箇条書きしたり、絵も描いたりしてやるわけですよ。何がいいかというと、言いたいことが絞られてくるんです。最近1枚にしようというと、A4の資料を重ねてくるヤツがいるんですよ。そうじゃなくて絞ることで、そういう過程によって自分は何がやりたいんだというのが出てくるので、今それもちょっと変えなきゃいけないなと思っています。昔は「作法」としてあったんですよ、コンセプトもその機種に1個と。今はデザインのコンセプトとか、機種のコンセプトとか、そのやり方がだいぶ乱れているように思うんですよね。だけどそういうふうにやると、おのずと研ぎ澄まされてくると思うので。今回取り上げられている「仕組み」のところはちょっと薄れていて、そこを直そうとしている部分があるんですよね。

【長沢】研ぎ澄まされた結果として、本質が究められるということですね。

【松本専務】よく「A00」って、「何のためにやっているんだ、ヒトコトで言ってみろ」と。そこでグジャグジャグジャグジャと言ってもダメ。やっぱりそのぐらい研ぎ澄まされないと。よく言うところの「Why」で、「まず何のためにやるんだ。この車の価値は何なんだ」というところをきっちり宣言してもらわないと、あとの議論ができない。だからそういった議論がちょっとまだ足りないのが、今のレベル感ですよね。

【長沢】その出てくるアウトプット自体はものすごく短くて、あっけないぐらい簡単な話になるわけですよね。

【松本専務】それが心に響くかどうかですよ。響くんだったら、「これは考えられているな、だから響くんだな」と。あるいは多少言葉が補われても、「あ、そういうことなんだな」ってわかるかどうか。美辞麗句がいっぱい紙に並んでいて、1時間ぐらい話を聞いた後で、「それで君が言いたいのはこういうことか」って、こっちが要約して聞かなきゃいけないというのはもう全然ダメです。だから今ちょっと「作法」が乱れているというふうに思っているので、そこを直さなきゃいけないなということです。

【木野】まさにそれを行うのが、今の「評価会」のメンバーの方々の課題になるわけですね。

【松本専務】そうそう。それをわからない人にやれと言ってもできないので、岩倉ではないですが、「作法」なりそういう「仕組み」としてわれわれが正しく定着させなきゃいけないと、私なんかは思っていますけどね。

【木野】それを仮にマニュアル化したりすると、それはまた行き過ぎになるのでしょうか。

【松本専務】「1枚ベスト」というのは、そういうのをマニュアルというのかどうかわかりませんが、ある程度議論を集約する、論点を明確にする、なぜをはっきり紙に書くとか、短い言葉で書くとか、これはマニュアルというよりは、やはり「作法」というか、たぶん座禅だったら、座禅を組むときに脚の組み方とかがあるじゃないですか。あれに近いことです。そういうことで瞑想して出てくるみたいな。そういうことをやらなきゃいけないと思っているんですけどね。

本田宗一郎と「ホンダらしさ」との関連

【長沢】また別の点もいろいろと確認させていただきたいんですが、最大のものはやはり「ホンダらしさ」イコール「本田宗一郎らしさ」か、という質問です。本田宗一郎が持っていたものであることは間違いないけども、ずいぶん破天荒な人だったらしいので、良い点と悪い点もあったように思います。「ホンダらしさ」も「本田宗一郎らしさ」も良い点と悪い点があって、良い点は残そう、悪い点は残さない、という取捨選択をしているのかどうかということですが、それはいかがでしょうか？

【松本専務】 実は私は、本田宗一郎という教祖がいて、その周りにいろいろな解釈をした人がいて、いろいろな言葉ができ上がっているという認識なんです。昔とはちょっと違いがあるかもしれませんけど、今はそうやって逆にバラけているなというのを私なんかは思ったりするんですよ。つまり、本田宗一郎が言ったというように今でも言われることで、今でもすごく計画的にも生きるような言葉があると思っているんですけど、それをいろいろと似たような違う言葉で伝道師たちが作っちゃっているもんですから、それが故にいろいろとぼやけてしまったと。「俺たちは何だったのか」ということを、もう一回取捨選択して絞っていかなければいけないなと、私は最近思っているんです。

弊社のホームページとかでも、ホンダの「フィロソフィー」とか「ホンダらしさ」とかいろいろ提示して、みんな「ホンダらしさ」をいろいろな定義をされて、私なんかよく「ホンダらしさ」とは何ですかと聞かれたりするけれど、それは一つとして、ホンダが強力にメッセージとして出しているかというと、ちょっとまだ曖昧な雰囲気があるんじゃないかと思っているのです。

【長沢】 ぜひお伺いしたいのは、今日の時点で、松本専務の考える「ホンダらしさ」は何かと聞かれたら、何とお答えするんでしょうか？

【松本専務】 やっぱりここでも「高く売れるブランド」をつくるよりは、「価値を創っていくような会社」というのが、僕は「ホンダらしさ」だし、それを支えるのが「フィロソフィー」ですね。「フィロソフィー」は「ホンダらしさ」のもう一段上というか土台的なもので、そこに「三つの喜び」とか「人間尊重」があるじゃないですか。「世の中のために役に立つ」とかそういう言葉って、どこの会社でも言う言葉なんだけど、僕はそのなかでも「人間尊重」という、個人、個の尊重というか、「一人一人のやりたいことが尊重される会社」だという、ここが土壌として「ホンダらしさ」を創っていることだと思うんですよ。それが出発点で、世の中の役に立っているというふうにつながる価値創りをやらなければならないというのが、現時点の私なりの「ホンダらしさ」の定義ですけどね。

【長沢】他の方は必ずしもそうは言わないということですか。

【松本専務】むしろ、そういう言い方をするとわりと論点がみんな合ってくると思っていて、そういう意味でもう一回整理し直さなきゃいけないいんじゃないかと思っています。

【長沢】今度の本（本書）のキーポイントなんですが、ホンダには何となくＤＮＡが残っているみたいな、そういう言い方ではなくて、今のホンダマンたちが積極的に残そうとしているという考えでよろしいでしょうか？

【松本専務】そうそう。それを残さないともう生きていけないし、世の中に期待されているのは、昔とは違って今はどちらかというと先進国では成熟社会ですし、いわゆる先進国だけではなくて、中国だって高齢化だったりするわけで、必然に成熟社会になっている。そういうなかで、より僕たちのルーツなり、このブランドなり、それを今まさに強めて、過去の遺産をもう一回、一杯ある言葉を整理し直して、グッとまとめなきゃいけないなと思っているんですよ。

【長沢】たとえば、ホンダさんはホンダらしいクルマをつくれば売れるのは当たり前で、ホンダさんがトヨタさんみたいな車をつくってもしょうがないわけですよね。ただ、そういう他社との比較から出てくるという考え方もあると思うんですが、先ほどの「競合車はなるべく見ないように」というお話からすると、この際、トヨタさんとか他社は関係なくて、もうホンダという会社のなかで考えれば「ホンダらしさ」が出てくる。そういうことでしょうか。

【松本専務】 もっというと、もう相手はトヨタさんとかフォルクスワーゲンさんだけじゃない。もちろんそれも大きいですけど、ITジャイアンツなんかも自動車を開発しているわけじゃないですか。それからエネルギーの問題も、ただガソリンを燃やしているだけの時代から、エネルギーもつくっていって、ちょうど今「COP21」もやっていますけどね。そういう時代におけるわれわれの価値創りってどういうことなのか、それが「ホンダらしさ」で、今風の時代にどう脱却していくのか、脱皮していくのかを考えるというのが、今われわれの大きなテーマだと思うんですよ。

【長沢】 ということは、守っているだけだったら？

【松本専務】 もう全然ダメですね。

【長沢】 結局、時代が新しくなるから、古ぼける、あるいはマッチしなくなるという意味ですか？

【松本専務】 先ほどの、お互いみんなが「同じ土俵」でどっちがいい悪いじゃなくて、「土俵を変える」という意味で、そのぐらいのタイミングに今は来ているんじゃないかと思うんですね。そのなかで「ホンダらしさ」、ホンダの「価値を創る」というのはどういうことかというのを再定義し直さないと、そういう時代に生きていけないよと、私は今、認識しているんですね。

【長沢】 ということは、本田宗一郎がもし墓場からよみがえって、今のホンダを見て「ホンダらしさ」が、俺が言っているのとえらく違うじゃないかと怒りだすことはないですかね。

【松本専務】 怒りだすのはないと思っているんですよ。たとえば、戦後の混乱期にオートバイの前身みたいなのをつくり始めて、そうやって新たな価値を提供したというのは、これからやろうとしていることと全く変わらないし、それを時代に合わせて変えていくということだと思うんですね。だから本田宗一郎も、当時は自転車からオートバイが出始めた頃だと思うんですけど、自動車はまだまだメジャーじゃないので、そういったなかで、ああいう「バタバタ（本田宗一郎が最初に生み出した製品であるエンジン付自転車の通称）」のなかで将来のモビリティーをイメージできて、提案できたと思うんですよ、言ってみれば、「先取りするような価値創りをやる」というのが、この会社のルーツなんじゃないかなと僕なんかは思うんです。ですから、むしろ自動車業界にずっと身を置いたまま古典的な自動車会社になるのを見るほうが、きっと本田宗一郎は泣くんじゃないかなと僕は思うんです。

むしろ、さっき「個の尊重」と言いましたけど、この会社に入ると何でもできるよな、自動車というタンクもつくれば、オートバイというタンクも、汎用製品のタンクもつくるかもしれないけど、いろいろなビジネスをやれるなと。それこそ「グーグル」や「アップル」なんかがやっているようなサービスを含めれば、これから「ロボティクス」とか「人工知能」とかいろいろあるじゃないですか。そういった何でもできるみたいなところが、この会社の、今風にいうと「うまみ」だと僕は思っているし、それがホンダの存在価値だと思っているんですけどね。だいぶ質問の趣旨と違って、話がおかしくなってきますね。僕は正直に言ってしまうので（笑）。

【長沢】 いえいえ、そんなことは……（笑）。

「俺が社長だ」というホンダのポリシー

【木野】 ところで、話題が少し変わりますが、川本社長がおられた頃に、一時期、「過去の『ワイガヤ』みたいなやり方は少し忘れましょう」みたいなことをおっしゃられて、そこから、初代「フィット」あたりでまた復活できたと伺っています。それはおそらく単に「ワイガヤ」をやめてまた元に戻った、というだけじゃなくて、おそらく何か新しい形でやっていこうといった動きがあったんじゃないかなと思うんですけども、そのあたりの経緯みたいなお話があればお伺いしたいのですが。

【松本専務】 たぶん川本が就任していた頃は、確かもう大赤字になっていましたよね。どこかの大手の自動車会社と吸収合併されるんじゃないかと噂もされるぐらいの。

【長沢】 どこかの新聞でも一面を飾りましたね。三菱さんやマツダさんと合併の憶測が載りました。

【松本専務】 そのくらい相当危機的な状況でしたから、「ワイガヤ」で議論している間に、ほとんど命が絶たれてしまうぐらいだったと理解していて、そういう非常措置だったと思うんですね。僕の友達でも、「川本さんがああ言ったから、もうホンダに興味がなくなった」といって辞めた同期のヤツもいたりするんですよ。だけどそれは本音ではなかっただろうと思うんです。一時的な「止血」といいますかね。それは「必要悪」であって、それを乗り越えてリーマンショックのときも「必要悪」だったんだけど、その「必要悪」がそのままちょっと続いてしまったというのが、失われてしまった何年かの時期ではないかと思うわけです。でも、それがある程度過ぎたら正常な状態に意識的に戻して

左から長沢、松本専務、木野

いかないといけない、ということを、本間なんかもおそらく言っているんじゃないかと思うんですけどね。

【木野】 それは、やはり過去のものとは違ってくるわけでしょうか。

【松本専務】 過去のもののままでよいかというと、さっきも言ったように、「教祖・本田宗一郎」の言葉として伝道師がいろいろな言葉を作ったり、いろいろな発明をしたりして結構やり方がブレたり、定義も曖昧になったりと一人ひとり違っていて、ベクトルがちょっと合わないところがあるんですね。あるいは、お客さんから見ても「何か中途半端だね」とか。

【長沢】 そのなかで、岩倉さんはかなり強力な伝道師だったということですか?

【松本専務】 僕なんかは、かなり正統派というか本質派だと思っています。言葉も非常にわかりやすいし。この間もそういう議論をしていて、本田宗一郎の昔の言葉、私なんかはそういう言葉を本当に言っていたなんてはじめて聞いたような言葉もあったりしたんですけどね。「美しさが大事だ」とか、そういうようなことを今更のように私なんかは気づく、改めて感じるんですけど、何のことはないずっと以前から彼はそう言っていて。他にも「製品と商品は違う」みたいなことも言っているんですよ。それに「美しさ」がやっぱりないといけないとか。結局、僕たちはそんなことも忘れたり、要は薄まったりしている。そこに注力しなきゃいけないんじゃないかということもあまりできていない、そういう危機感があって、整理とともにそこを研ぎ澄ましていくというのが、ただ昔に戻っただけじゃないかということとはちょっと違うと思うんですよ。そういう骨をつくらなきゃいけないなというのが、最近思うところです。

【長沢】「ワイガヤ」の持ち方も、たとえば、要するに商品企画のための「ワイガヤ」と、要素技術の開発のための「ワイガヤ」みたいなやり方があると思うんですが。

【松本専務】そうですね。

【長沢】それを意識して分けるようにしたとか、やり方を変えるようにしたとか、そういうことではないですか。

【松本専務】あんまり難しくそこは分けてはいないですけどね。

【長沢】逆にいうと、「ワイガヤ」セッションで、その要素技術のときと商品企画のときとで、ずいぶん違ってくるんでしょうか？

【松本専務】それもたぶんないと思うんですよ。さっきの例でいうと、エンジニアの燃費の弾出しなんかでも、最初は議論していて、だんだん白熱していって、最後は宴会で酒を飲みながら「燃費の弾出し」をやって、勢い余って、「やっちゃえ」みたいなのがあるじゃないですか。それは技術の弾だけじゃなくて、コンセプトなんかをつくっていても、「じゃあ、こういうことか」みたいな感じでまとめるというのとか、そこは同じようなものだと僕なんかは思いますけどね。

【長沢】もう一方では「MM思想」があると思うんですが、「MM思想」と「ワイガヤ」とは、直接関係はないんですか?

【松本専務】「ワイガヤ」は手法ですし、「MM思想」というのはポリシーみたいなものなんですね。だからそこは「MM思想」と「ワイガヤ」で次元が違う。手段や方法論と、そういうポリシーでクルマをつくるというのとはちょっと違うんですね。

【長沢】その「MM思想」からすると、「低燃費を追求する」というのが、なかなか「MM思想」からはストレートには出ないと思うんですけど。

【松本専務】出ないですね。

【長沢】最終的には「低燃費の追求」に行くのも、どういうロジックで「MM思想」だとなるのでしょうか?

【松本専務】そこは、たとえば「価値を創る」という意味でいうと「相反事象」であると。だから、そのどちらかをやるというのは俺たちの仕事じゃない、その「相反事象」をどうブレークスルーして価値を創っていくのかというのが俺たちの仕事だろう、みたいな解釈なんですよ。たとえば、二律相反事象をブレークスルーするということでいえば、小さいクルマのなかで燃費とユーティリティーを追求するということは、「MM思想」を実現するというそのブレークスルーの技術が先ほどの「センタータンク」というような、そこに価値を創る要素が出てくると思っているんですけどね。

【長沢】「センタータンク」といえば以前のお話で、運転席の下に燃料タンクを置いたらいいじゃないかと言ったら、たちどころにネガティブな点を5つ以上言うエキスパートがいるという、すごい皮肉をよく覚えています。

【松本専務】まあ、そんなものなんですよ（笑）。

【長沢】すごいなと思う反面、ホンダでもそんなに常識論を言うエキスパートが多いんだなと感じましたが。

【松本専務】いやいや、常識論を言うのがエキスパートですから（笑）。だから一番つらかったときなんか、研究所の食堂ってばっと広いんで、誰がどこに座っているのかわからないでご飯を食べるわけですね。そのセンタータンクの話をした後の昼飯で、たまたま僕が座った席の後ろで、「何だってタンクが真ん中にあるんだ。何考えているんだ、あいつは」みたいな。当の本人が後ろにいるとは知らず（笑）。つらいですよ、聞いていて。つらいけど、「そんなに変なことなんだったら、これは誰もやったことがないんだな」と、そこはパッと変われるかどうかということだと思うんですよ。「そうか、みんなできないと思っているんだな。じゃあ、やれば世界初にもなるんだな」とか、そこは単純に言葉のマジックです。言ってみれば詭弁なんですけど。やっぱり新しいものをつくるというのは、そういうある意味開き直りなり、詭弁なりも必要だと思いますね。

この間、マツダの藤原清志（常務執行役員・2015年12月時点）さんと話してたら、初代「ロードスター」[27]が出たときに、アメリカの営業の人が言うには、「これは2リッターしかあり得ない」と言われて、藤原さんは2リッターじゃなくて1・5リッターでやっていたんですけど、「よかったと思った」と言うんですよ。「あいつに否定されたらこれは勝ち目がある」とか言ってたらしいんですね。だから詭弁や発想をパッと切り換えるやり方、エキスパートにどんなに批判されても、批判されればされるほどうれしくなるような思考回路というか、そういう習熟や訓練が要るんでしょうね。

【長沢】 それは常識にとらわれないよりも、さらに積極的に個人でということでしょうか。

【松本専務】 そんなふうに言われて、普通は「あぁよかったな」と言うヤツはいないですよ。でも、最悪そこでめげても、「でもよく考えてみればあいつが否定するんだったら俺のアイデアはいいよな」みたいに、ちょっと時間が経って考えられるヤツは、エキスパートみたいな常識を考える人間とは違うような仕組みだと思います。だから端っこにいるような「ひねくれ者」も活かさないと、やっぱり面白いものが出てこないでしょうね。

【長沢】 その後にも松本専務の良い言葉を聞いていまして、「ネガティブがいくつあっても、それを上回るメリットがあればいいじゃないか。燃料の注ぎ口が左後ろで、運転席は右前だから、燃料タンクまでの道中が長くてガソリンが詰まるんだったら、流れやすくすればいいじゃないか」っていう。

【松本専務】 そんなこと言っていましたか。本当に減らず口をたたいていたんですね（笑）。

【長沢】 そう言うのは簡単ですけど、やっぱり道中長いと大変じゃないかって思うんですが。

【松本専務】 そこは頭を楽に考えてつくったんでしょうね。私は今でもいろいろな課題があったり難しいことがあったりすると、やっぱりふっと「楽に考えよう」とか、「シンプルに考えよう」とか、「要はこうなってりゃいいんだろう」みたいにする、それはコツというんですか、そういうのがないとパーンと跳べないというようなことは、開発でいじめられたりとかそういうときに、時々死んだふりもすればいいんだなとか、何となくそういうのも覚えましたね。

【長沢】　フランスの哲学者のアラン（本名：エミール＝オーギュスト・シャルティエ）という人が言った「悲観主義は気分によるものであり、楽観主義は意志によるものである」という言葉を思い出しました。

【松本専務】　そうかもしれないですね。意図的に楽観的に自分で話を持っていく訓練というんですか、どんな悲観的な状況になってもそれをイメージしないというかね。だんだん宗教っぽくなってきましたけど、それはかなり重要なポイントだと思います。

【木野】　そういったことは、たとえば先輩方の姿を見たりとか、伝え聞いたりしたのでしょうか？

【松本専務】　先輩というのもあるかもしれないですけど、そうやって悲観論を聞いてどんどんダメになっていった先輩を見ていたというのもありますよ。いろいろな気性をそうやってすぐ摘む、負のサイクルに入っているんだな、というふうに思ったりしたこともあれば、歴史小説からそういう考え方なんかを学んだりしましたね。司馬遼太郎の本が好きだったんですが、読むと結構そういうのが出てくるんです。そうやってこの人はこう考えて頭を切り替えたんだなという、意図的に変えているなということが。

【長沢】　たとえば先ほどのお話で、ＬＰＬ代行をやられたということだって、正規のＬＰＬもいらっしゃったわけで。あるいはお若い頃に開発チームに入ってＬＰＬを見て憧れた面もあると思います。で、この人の良いところを真似したい、でも悪いところは絶対真似するものかみたいなふうに、やっぱり先輩ＬＰＬの有りようというのは、影響は大きいんでしょうか。

【松本専務】そういう人もいました。立派な人でいろいろと教えていただいたりとか、こういうふうにやって周知の知を集めるんだなと、そのためのスタンスなりを学びました。一方で、LPL代行ぐらいになってくると、「俺がLPLだ」みたいに思ってしまうんですよ。そうすると、あんまりLPLの善し悪しは俺には関係ないと。生意気なヤツですよ、本当にね（笑）。だから、判断基準を自分に持っていってしまうんですよ。だからそういった評価会でのジャッジがあったときでも「俺は間違ってると思うな」とか「俺が社長だ」みたいな、この会社はそれが基本ポリシーなんですよ。「社長じゃないのに」とか、そういうことは一切考えなくて。特にチームなんかでは全く社長ですから。LPL代行でも、LPLのさらにその一つ上ぐらいを見るつもりでね。一つ上だけを見ていると、しょせんその程度で終わってしまうので、もう、一つの土俵を変えるぐらいの、これもひとつのコツだと思うんですけど、そういう思考習慣を付けるというか。場合によっては破滅の道へ行くこともあるんですけど、時々面白いものが出てくる考え方だと思うんですけどね。従順にはならないというんですかね。

【長沢】以前のインタビューでもやはり、みんな「自分が社長だ」ぐらいの気持ちでやっているとおっしゃっておられましたね。

【松本専務】それは今でも変わらないですよ。その志を忘れたら、どこかのサラリーマン会社みたいな、そういう会社に居たいというのなら、そういうところに行けばいいわけです。そういう人もこの会社にはちゃんとニーズはありますから。ただ、何かを創っていこうとしたり、変えていこうとしたりするんだったら、そんな従順になることはまったく必要なくて、自分が社長のつもりで、トップのつもりで、「じゃあ、どうするんだ、誰を巻き込まなければいけないんだ」というのを考えるようにしていけばいいと思うんですよ。

【長沢】それは、松本専務が「自分が社長ぐらいのつもりでやっているんだ」と言うと、他の方も「実は俺もそうなんだ」ということから、この会社はそういう人間が多いなというのがわかってきたのか、それとも、ある時に誰かが「みんな自分が社長だと思うぐらいでやらなきゃダメだ」と言って、それに影響されたのか、どういうものでしょうか？

【松本専務】これは誰かに言われたわけじゃなくて、たとえばＰＬをやっているときに、意に沿わないＬＰＬがいたとするじゃないですか。そういうことが実は私もあったんですけど、その嫌な気持ちをどうやって乗り越えるかというときに、「俺は社長のつもりなんだ、俺がＬＰＬなんだ」と、そこに立つと自分の心にとても素直になれるんです。そういう、先ほどの「意識して楽天的になる」みたいなコツというのは明らかにあると思いますよ。そうやって、自分では不本意なこともそうやれば乗り越えられたという経験はありますね。気分の問題ですから。

【長沢】気分的に乗り越えられても、結果としてぶつかることは多くなりますよね。

【松本専務】そういうときはだんだんと仲が悪くなっていく事実はありますが（笑）。そこに共感できるものがあれば、そういうのはないと思うんですけどね。やっぱり「個の尊重」というように、一人ひとりがきっちり自分を主張できて、事業運営なり、共感を持ってリーディングしていくのが基本で、「命令する、される」という格好じゃないんですよね。

【長沢】「ホンダらしさ」でもっとお聞きしたいんですが、たとえば御社が考える「ホンダらしさ」、あるいは松本専務が考える「ホンダらしさ」と、お客様が考える「ホンダらしさ」は同じなんでしょうか。違っているんでしょうか。違っていてもいいんでしょうか。

【松本専務】 やはり、自分たちがこうなりたいと思っていることと、お客様がこの会社はこういうふうだよな、というのが可能な限り一致しなきゃいけないと思っています。だから、自分たちはそのブランドなり、改めて目指すところを整理するときに、「俺たちは何をやってきて、どう評価されたんだというルーツをよく見極めないと」、「未来はやっぱり過去の資産にあるんじゃないか」というふうに、僕なんかは思っていますけどね。

【長沢】「ホンダらしさ」って何だろうという「ワイガヤ」もやったことがあるんでしょうか?

【松本専務】 その議論をやると、言葉がいっぱい出てきて疲れて、もう帰って寝ようかになってしまうんです(笑)。だから今、それだけ散らばっている雰囲気があると僕は思っていて、そういうことでもう一回過去を整理しながら、じゃあ、「俺たちのルーツは根本的にどこなんだ」ということで今のところそういう「価値を創っていく」ことなんじゃないのか、というところです。そういう観点で今の事業を見てみると、台数と収益だけになってしまっていないか、言ってみれば、何を提供したんだ、お客さんの喜んだ姿が見えないんじゃないか、というところをちょっと整理したりして、ビジネスとブランドを高めることをやっていかないと、これから異業種だとかいろいろありますから、競合するところと同じ土俵から一つ上のほうに、一番上に立っていけないんじゃないかなと思っています。

「得手に帆を揚げて」苦手な分野を得意分野へ

【建部主任（広報担当）】 恐れ入りますが、そろそろお時間になってまいりましたので。

【松本専務】 冷たいね、君、せっかく来てくださったのに（笑）。

【建部主任】 申し訳ございません（笑）。

【長沢】 では、あと少しだけ。貴社が大きく変わったのは、やはり1990年代前半の一番苦しい時から、94年の初代「オデッセイ」が出た頃ぐらいでしょうか。

【松本専務】 あの当時も、やっぱり「ホンダらしい商品は出てきていない」と言われていたんですよね。セダンばっかり種類が増えて、世の中で流行っている「RV（Recreational Vehicle：レジャーなどを楽しむことを目的とするクルマの総称）」やミニバンなんかは一切やらず、自分たちの得意なところだけをやっていたのを、川本は血を止めながらそこで転換を図っていたわけです。当時も、「ホンダらしさ」ってすごくいつも良い波が来ているわけじゃないと思うんですね。

【長沢】 その「オデッセイ」では、その当時のRVに必要とされる要素があまりなくて、「もう俺たちがつくれるのはこれしかない」と開き直って、「多人数乗りワゴン」として出したのを世間には新しいジャンルのRVだと見られて、しかも「ステップワゴン」とかが後に続いて、RVがなくて危機的だった会社が、今や「RVのホンダ」と言われるようになりましたね。

【松本専務】 またそこですぐ悪ノリしてやってしまったりするので（笑）。

【長沢】それは本田宗一郎のエッセイのタイトルで『得手に帆あげて』[28]って、まさにそれかなと思います。

【松本専務】やっぱり根本でホンダが上がり下がりをしながら生きてこられたのは、そういう、最後は「柔軟に身をかわす」というか、「次に変えていく」、そういうのが結構ホンダの信条といいますか、「やっぱりやるな」というところだと思うんですけど。それはわれわれも本当に失っちゃいけない遺伝子だと思っています。

【長沢】そのオデッセイが出るまでは当たった、外れたが大きかったのが、それ以降では、あんまり大きな波がなくなって、ホンダの経営危機といわれなくなりましたね。

【松本専務】1本1箱ぐらいしかできなかったのが、3箱、4箱とシリーズとなりましたね。今はまたわれわれは相当な危機感を持っているんですよ。ひところに比べれば収益性も低いし、投資倍率も高いし、負荷もちょっと空いている。600万台という言葉に代表されるように、やっぱり僕たちが本当にやらなきゃいけないことがちょっと置き去りになって、世間一般的ないわゆるビジネスの、台数収益のところだけに行ってしまいました。そういった意味ではすごく危機的だと思います。ここで今修正しないといけないし、そのタイミングでちょうど異業種が入りつつあって、昔の携帯電話がわずか5年か10年で滅びてしまったような、そういうぐらいのターニングポイントに今来ていると思っています。そこで「ホンダらしさ」なり、ビジネスの質なりをもう一回研ぎ澄まして、ここでおっしゃるようなビジネス課題に持っていかなきゃいけないと思っています。

【長沢】社是には確か、「顧客の要請に応えて、性能の優れた、廉価な製品を生産する」とあったと思うんですが。

【松本専務】 当初はそうでしたが、現在の社是は、「世界中の顧客の満足のために、質の高い商品を適正な価格で供給する」となっているんですよ。

【長沢】 ちなみにルイ・ヴィトンなどのラグジュアリーブランドは、世間的には高いと見られるんですけど、彼らも「適正価格」と言ってるんですね。手間ひまかけているから。

【松本専務】 価値観の違いですよね（笑）。

【長沢】 スイスの高級時計なんかも高いですけど、スイスの山奥で職人が手づくりで作っているのを見ていると、「こんなに人手が掛かったら高くてもしょうがないよな」と思いますね。

【松本専務】 高いというのは、絶対値は高いかもしれないけど、そういう高さじゃなくて、やっぱりそれに見合うだけの「価値」を提供できたかということだと思うんですね。値段勝負で安くせざるを得なくて、ビジネスが小さくなるような話と、全然逆方向のね。

【長沢】 でも、日本はそっちのほうへ今行きつつあるので、私もそれはまずいなと言っているんです。

【松本専務】 それではもう先がないですよね。タイムリーに対応しないと。

【長沢】 私が考えるのは、まさに「高くても売れる、高くても熱烈なファンがいるブランド」が、ラグジュアリーブランドだと考えています。

【松本専務】 なるほどね。やっぱり熱烈なファンがいてくださるだとか、そうありたいし、そういう会社だったんだと思うんですよ。あの当時の「バタバタ」なんかの例でいえば、その価値を創っていくということに対して、「あの当時こうやって商品ができたんだ、まさに価値を創って世の中を変えたんだ」といった、ああいう姿勢を改めてもう一度作り上げていきたいということを考えています。

【長沢】それに関して、ちょっと女性がいらっしゃるところで言いにくいんですが、岩倉信弥・元常務がおっしゃられたことで忘れられない言葉があります。私が、「ホンダも結構売上が伸びてきて、トヨタに追いつくんじゃないですか」と尋ねたら、「ホンダのクルマは『2号さん』とか『愛人』にはいいクルマだけど、『本妻』や『正妻』になるのはなかなか難しい。それがホンダの立ち位置なんですよ」と言われて、妙に納得したんです（笑）。

【松本専務】どんな立ち位置でしょうね（笑）。いやいや、それはどこかの海外でも似たような話をしていて、やたらと海外で受けるんですよ。これは万国共通だなと（笑）。

【長沢】そうすると、それはかなり的確な表現だということでしょうか。

【松本専務】要は、結局お客さんのイメージは「愛着が持てる」というか「熱狂的」だとか、そういうふうに思われているので、そういう「匂い」がしないとね。みんな均等に買っているものなんか欲しがっているわけじゃない、ということだと思うんです。

「ホンダ」のブランド化

【木野】お時間が押しているところ申し訳ございませんが、最後に一点だけよろしいですか。ブランドというお話をなさっておられたんですけど、貴社ではクルマだけではなくていろいろなタイプの製品をつくっていらっしゃるんですが、それらも含めた統一的なブランドといったものも、やはり意識しておられるのでしょうか？

【松本専務】 そういったことも、やらないといけないと思っているんですよ。色味だとか、何かマークの使い方だとか、訴求の仕方も今はバラバラでやっているので、それも大きなテーマだと思っています。

【木野】 今のところは、それぞれが独自になさっておられるということですか。

【松本専務】 まず、いろいろな方とお話しして、実はわれわれは、二輪と四輪と汎用とバラバラな運営をしているんですよ、と言うと、「あ、そうなんですか」と意外に思われるんですよね。「外から見るとホンダって二輪も四輪も汎用も一つなのに、何でこんなにマークも違ったりするんですか」とか、「デザインも統一すればもっといいんじゃないですか」と言われたりするんですけど、実はその通りだと思っていて、まずは一番多く出てくる四輪のところをちゃんとしなきゃいけないなとは思っていて、その先に統一感を持ったものをやっていかなきゃいけないなと思っています。

【木野】 たとえば汎用製品でいえば、おじいさんやおばあさんが使われる電動カートのデザインを、初代「ＮＳＸ-Ｒ」（写真13）のデザインを担当された方がされたと伺いました。「日本初のスーパーカー」といわれたクルマをデザインされた方が、全く違うタイプの製品をデザインされて、それがとても洒落ていて、すごいなと感じました。

【松本専務】 それは「モンパル」ですね（写真14）。そういったことを説明しなくても、形なりデザインなりでちらばって統一感があったりすると、色なんかでもいいと思うんですけどね。わりと新しい、あ、ホンダってこういう会社なんだというのがわりとすっと目に入ってくると思うんですけどね。

写真 13　ホンダ・NSX-R（初代）

出所）本田技研工業（株）提供

写真 14　ホンダ・モンパル

出所）本田技研工業（株）提供

【長沢】パッと見たときに、どの製品を見ても「ホンダらしい」と思わせたいということですね。

【松本専務】そうそう、そうすると、ホンダのメッセージが製品なりサービスを通して、ある程度の統一感を持ってお客さんのイメージのなかにスッと入ってくるようにすると、「あぁ、ホンダってこういう会社なんだな」という、ブランドそのもののメッセージ性が最大に活用できるんじゃないかと思っているんですけどね。

【長沢】「日本車はエンブレムを見ないとどこのメーカーかわからない」とよく言われますね。

【松本専務】情けない話ですね。たとえば、弊社の「Nシリーズ」という軽自動車（**写真15**）があるじゃないですか。あれはデザインはみんな全部違うんですよ。違うけど、Nシリーズの「N」と書いて、あと同じ色で何箱かいっぺんに見せたりしているんです。そのことによって、「あ、これがNシリーズなんだ」というふうにみんな思ってくれて、ホンダの軽のイメージができたりするんです。あながちデザインだけを統一することが、ブランドイメージを統一できる唯一の手法かといえばそうでもないみたいなんですよ。たとえば、色だとかセンスだとかでマネージしていくというのも一つのやり方かなと思っています。ここらへんはちょっと難しいところですけど、今はそういうトライも始めています。

【長沢】なるほどそうですか。もっといろいろとお伺いしたいのですが、お時間とのことで残念です。

【松本専務】時間が少なくて申し訳ございません。少しはお役に立てましたでしょうか。

【長沢】いやいや、本当に大変勉強になりましたし、とても楽しい時間となりました。本日はご多忙のところ、まことにありがとうございました。

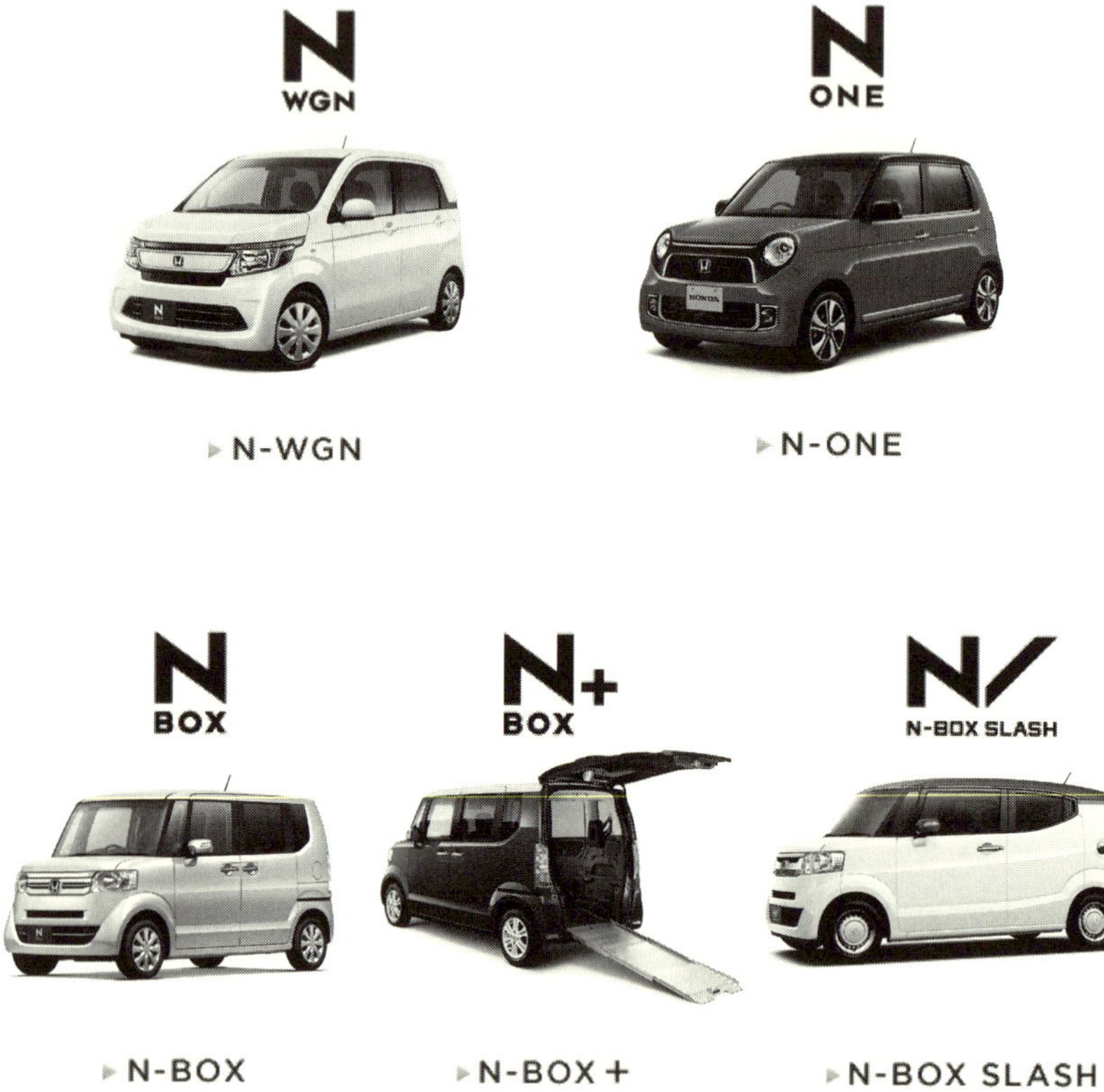

N
ONE

▶ N-WGN　　▶ N-ONE

▶ N-BOX　　▶ N-BOX＋　　▶ N-BOX SLASH

写真 15　ホンダ・N シリーズ

出所）本田技研工業（株）提供

【松本専務】 こちらこそ、ありがとうございました。

【木野】 ありがとうございました。

以上のインタビューは、2015年12月1日に本田技研工業株式会社・本社会議室（東京都港区南青山）において行われた。終始和やかな雰囲気のなか、松本専務が思うところをざっくばらんに、そして熱くお話しいただいたことで、大変貴重な資料となった。

松本専務の経歴のなかで、いわゆる「ぶらぶら社員」のような形で、若い頃にやりたいことを自由にやれるという時間が取られていたことは非常に興味深い。これはホンダが、「やりたいことが自由にやれる」という組織文化がある会社であることを意味している。そしてそれと同時に、そういった積極性を持たない人間であっても、このような形で「やりたいことをやらせるように仕向ける」時間を取ることで、自主的・自発的に活動することができるための訓練を行っているのではないだろうか。それが「ホンダらしさ」という組織文化を継承する仕組みの一つであると著者は考えている。

またお話のなかで、第Ⅰ部で本間常務が述べるところの「スパイラルアップ」に至るまでの、徹底した議論と「放下」のプロセスについても知ることができた。そしてまた、そこでどれだけ議論が詰められて、本質に到達できているかを確認するプロセスとしての、「評価会」の役割も重要なポイントであるといえよう。松本専務自身も「評価会」において修羅場をくぐってきており、そうした経験が持つ意味を継承し、開発メンバーが能力を高めていくことで、「ホンダらしさ」が進化・深化・純化・発展し、継承されていくものであろう。

さらに、松本専務がホンダの課題として、事業という点では良い結果になっているものの、「土俵を変える」ぐらいの新たな製品を提案し、「ホンダらしさ」の根幹でもある「価値を創る」というところが、やや弱体化していると認識しておられることが挙げられた。同社が提供する「ホンダらしさ」と、顧客が感じる「ホンダらしさ」が可能な限り一致し、製品のライフサイクル全体にわたって「ホンダらしさ」を感じられるようにすることが、ホンダというブランド力を高めることにつながるのであろう。

そのためには、「ホンダらしさ」を残し、活かし、伝えるための仕組みをさらに強固なものにしていくことが必要であるが、一方で、それがマニュアル化などの形を取ることで硬直化してしまうことは、まさしく「ホンダらしさ」を失うことにもつながりかねない。仕組みが硬直化せず、しかしそのやり方がうまく継承されていくための手法が、松本専務が述べていたところの「作法」という表現であろう。

同社はクルマだけでなく二輪や汎用製品においても高い競争力を持っており、また新たに航空機事業にも参入して注目されている。そうした製品群も含めて、「ホンダらしさ」を強く感じられるような製品に結びつくための取組みも、今後注目すべき点であろう。

（注）

(25) 岩倉信弥『かたちはこころ―本田宗一郎直伝モノづくり哲学―』、JIPMソリューション、2009年を参照。

(26) このときの状況については、『日経メカニカルD&M』No.568、2002年1月号に詳しい。

（27）初代「ロードスター」については、下記のサイトを参照。
マツダ株式会社WWWページ「【クルマづくりの歴史】ロードスター物語」（2016年4月1日検索）
URL：http://www2.mazda.com/ja/stories/history/roadster/story/
（28）本田宗一郎『得手に帆あげて―本田宗一郎の人生哲学―』、三笠書房、2000年を参照。

ホンダ研究の参考文献（ABC順）

1. 青野豊作『新ホンダ哲学7＋1』東洋経済新報社、2007年。
2. 中央大学ビジネススクール編／河合忠彦著『ホンダの戦略経営―新価値創造リーダーシップ―』中央経済社、2010年。
3. 藤澤武夫『経営に終わりはない』文春文庫、1998年。
4. 藤澤武夫『松明は自分の手で』PHP研究所、2009年。
5. 株式会社本田技術研究所編『Dream 1―本田技術研究所 発展史―』1999年。
6. 本田技研工業株式会社編『TOP TALKS 語り継がれる原点』2006年。
7. 本田宗一郎『得手に帆あげて―本田宗一郎の人生哲学―』三笠書房、2000年。
8. 本田宗一郎『本田宗一郎 夢を力に―私の履歴書―』日経ビジネス人文庫、2001年。
9. 本田宗一郎『スピードに生きる』実業之日本社、2006年。
10. 本間日義『ホンダ流ワイガヤのすすめ―大ヒットはいつも偶然のひとことから生まれる―』朝日新聞出版、2015年。
11. 碇義朗『燃えるホンダ技術屋集団―本田技術研究所の創造現場をゆく―』ダイヤモンド社、1986年。
12. 伊丹敬之『ミネルヴァ日本評伝選 本田宗一郎―やってみもせんで、何がわかる―』ミネルヴァ書房、2010年。
13. 岩倉信弥『ホンダにみるデザイン・マネジメントの進化』税務経理協会、2003年。
14. 岩倉信弥『デザイン「こと」始め―ホンダに学ぶ―』産能大学出版部、2004年。
15. 岩倉信弥『本田宗一郎に一番叱られた男の本田語録』三笠書房、2006年。
16. 岩倉信弥『かたちはこころ―本田宗一郎直伝モノづくり哲学―』JIPMソリューション、2009年。
17. 岩倉信弥『本田宗一郎「一流の仕事」ができる人め―「夢をかたちにする力」「生き抜く力」―』三笠書房（知的生き方文庫）、2012年。
18. 岩倉信弥『1分間本田宗一郎―常識を打ち破る人生哲学77―』ソフトバンククリエイティブ、2013年。
19. 岩倉信弥・岩谷昌樹・長沢伸也『ホンダのデザイン戦略経営―ブランドの破壊的創造と進化―』日本経済新聞社、2005年。
20. 亀山清隆『本田宗一郎に学んだホンダのヒトづくりモノづくり』実業之日本社、2003年。

21．小林三郎『ホンダイノベーションの神髄―独創的な製品はこうつくる―』日経ＢＰ社、２０１２年。
22．小林三郎『ホンダ　イノベーション魂！』日経ＢＰ社、２０１３年。
23．久米是志『「ひらめき」の設計図―創造への扉は、いつ、どこから、どうやって現れるのか―』小学館、２００６年。
24．長沢伸也・木野龍太郎『日産らしさ、ホンダらしさ―製品開発を担うプロダクト・マネジャーたち―』同友館、２００４年。
25．日経産業新聞編『ホンダ「らしさ」の革新』日本経済新聞社、２００５年。
26．西田通弘『ホンダのＤＮＡ夢を「力」に変える80の言葉』かんき出版、２０１１年。
27．小栗崇資・丸山惠也・柴崎孝夫・山口不二夫『本田技研・三菱自動車（日本のビッグビジネス22）』大月書店、１９９７年。
28．田上勝俊『新しいものを次々と生み出す秘訣―ホンダのロボット開発創始者が明かす―』かんき出版、２００３年。
29．高橋裕二『自分のために働け―ホンダ式朗働力経営―』講談社、２００７年。

付録

第1章

ホンダの製品開発プロセス

付録は、長沢伸也・木野龍太郎『日産らしさ、ホンダらしさ ―製品開発を担うプロダクト・マネジャーたち―』同友館、2004年、第Ⅱ部、129―203頁を一部修正して再掲。

1 大ヒットした「フィット」

現在、世界規模での競争が激化している自動車企業においては、企業間の大規模な合従連衡が行われている。日本においても、GM（General Motors）社によるスズキ自動車、いすゞ自動車および富士重工業への出資、フォード（Ford）社によるマツダへの出資、仏ルノー（Renault）社による日産自動車への出資、ダイムラー・クライスラー（Daimler-Chrysler）社による三菱自動車への出資など、すでに多くの企業において、外資系自動車企業による出資が行われている状況である。

そのようななかで、トヨタ自動車グループと、本田技研工業は、数少ない日本国内資本系の自動車企業となっている。とりわけ、本田技研工業においては、2000年には国内での販売台数が2位になるなど、大きな躍進をみせている。2001年度の新車販売台数で、国内上位5社のうち、販売台数が増加したのは本田技研工業のみで、対前年度比23・4％増となっている。そして、この大幅な販売増には、同社の大ヒット車「フィット」が大きく寄与していると考えられよう。「フィット」は、2001年度の新車販売台数が159149台で、2位となっている(1)。

著者らは、本田技研工業における販売台数増加の要因として、同社の製品開発体制に着目した。市場の成熟化傾向のなかで、世界的な競争激化がみられる自動車産業においては、各自動車企業における製品競争力の向上は必須の課題であり、それを規定する大きな要因である製品開発について検証・考察することは、大きな意義があると考えられよう。

自動車市場の成熟化傾向については早い時期からみられていたが、主に80年代に入って、「フルライン戦略」と呼ばれる、多品種化による市場への対応が進められてきた。しかしそれは同時に、多品種化によるコスト増大によって、「利益なき繁忙」といわれるように、利益につながりにくい状況が生まれてきた。また、「大量生産・大量販売・大量廃棄」という自動車産業の構造自体に対して、社会的な批判が高まってきたという状況もある。そこで、自動車企業各社は、競争力のある製品を、的確なタイミングで市場に投入する必要性が、従来にも増して強く求められている。また、自動車の排気ガスによる環境汚染といった深刻な社会問題も発生しており、従来の自動車生産のあり方について再考し、社会に配慮した製品開発を行うことが求められている。その意味でも、自動車企業における製品開発部門の重要性は、非常に大きなものになってきているといえよう。

本章および次章においては、本田技研工業における製品開発の組織体制と開発プロセスについて検証するとともに、それがどのような戦略に基づくものか、それによって製品競争力にどのような影響を及ぼすのか、という点について考察を行う。これに際しては、同社の大ヒット車種「フィット」の開発に携わった、本間日義RAD（ヒアリング当時。Representative Automobile Development：開発総責任者）、松本宜之LPL（ヒアリング当時。Large Project Leader：開発プロジェクト・リーダー）、宇井與志男上席研究員（ヒアリング当時。デザイン担当）、そして、黒田博史取締役（ヒアリング当時。四輪事業本部商品担当）にヒアリングを行っている（図表付—1）。

また、京都能率協会主催（京都商工会議所後援）により、2002年2月26日に京都商工会議所で行われた講演会「HONDAの戦略！ —大ヒット車『フィット』開発の実際—」における、黒田取

図表付-1　ヒアリングを行った「フィット」開発関係者の方々（50音順：敬称略）

氏　名	役　　職	生年	入社年	出身部署	勤　務　先
宇井　與志男	上席デザイナー （現在は上席研究員）	1951	1975	デザイン	株式会社本田技術研究所・和光研究所
黒田　博史	取締役 四輪事業本部 商品担当	1948	1972	艤装設計	本田技研工業株式会社・本社
本間　日義	四輪事業本部 開発企画室 RAD 開発技術主幹	1949	1970	ボディ設計	本田技研工業株式会社・本社
松本　宜之	LPL 室 主任研究員 （現在は上席研究員）	1958	1981	サスペンション設計	株式会社本田技術研究所・栃木研究所

参考）ヒアリングおよびダイヤモンド社編［2001］『ダイヤモンド会社職員録全上場会社版―2002 中巻―』ダイヤモンド社

締役のコメントも取り上げている。

自動車企業の製品開発に関しては、藤本・クラークによる研究や、[2] 藤本・安本による産業間比較の視点からの研究がある。[3] また、延岡も製品開発プロジェクト間のマネジメントに着目した研究を行っているが、[4] その重要性の大きさに比して、製品開発について経営学の側面から行われた研究は、それほど多くないように思われる。

藤本・クラークは、ある製品の開発において、商品企画立案から実際の製品化、販売戦略に至るまで、広い範囲にわたって大きな権限を持つ人物を「重量級プロダクト・マネジャー」として、80年代においては、この制度を採用している自動車企業が、高い製品開発パフォーマンスを得られることを検証している。[5] こうした点についても念頭に置きつつ、本田技研工業および本田技術研究所の製品開発がもたらす競争力について、考察を行うこととする。

本章および次章で明らかにしたい課題は、以下の通りである。

第1に、本田技研工業における製品開発部門の組織と、実際の開発プロセスについてである。前述の、藤本・クラークの研究［1990］では、同社の「アコード」における製品開発を例に取っているが、同社では、1991年3月と1994年6月に、製品開発体制の再編を行っている。同社の製品開発について、今回は2001年発売の「フィット」を例に取って、その開発プロセスを具体的にみていく。それを通じて、同社の製品開発の実態とその特徴、そして、製品開発に対するマネジメントがどのようにして行われているのかについて検証を行う。

第2に、製品戦略との関連についてである。同社は、自動車企業のなかでは、企業規模の点で比較的小さいグループに属する。また、日本国内での自動車市場への参入時期も遅い。こうした点が、同社の製品戦略にどのように影響しているのか、それと製品開発がどのように関連しているのかについて考察を行うこととする。

第3に、企業文化や体質との関連についてである。同社の製品戦略や製品開発が、企業文化や体質とどのようにかかわっているのか、その相互連関について考察する。

2　本田技研工業および本田技術研究所の組織

本田技研工業は、1946年の本田技術研究所の開設から、内燃機関および各種工作機械製造・研

図表付-2　本田技研工業のマトリックス組織

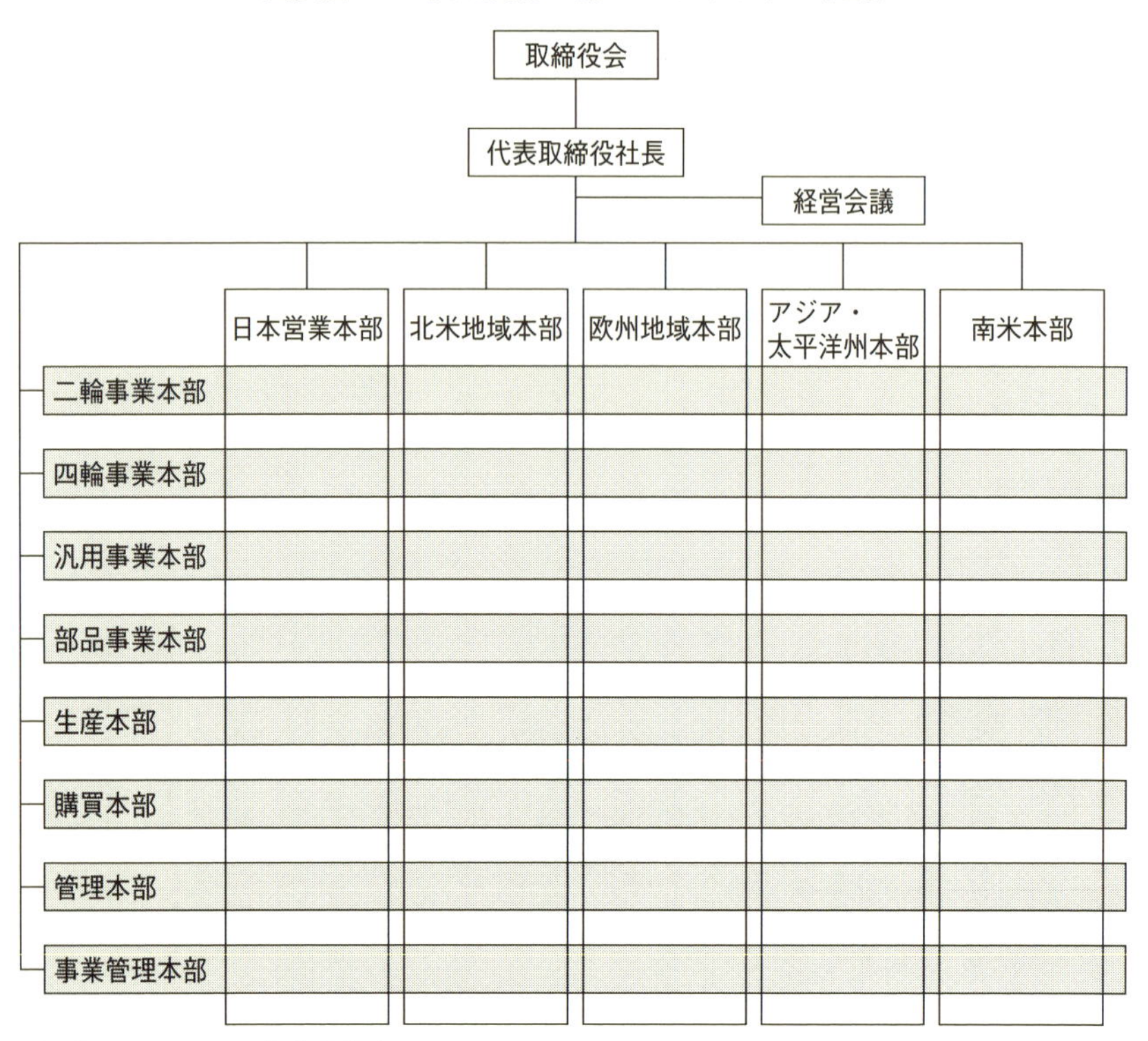

出所）ヒアリングより著者作成

究を行い、1948年には同社を継承して本田技研工業株式会社を設立している。当初は二輪車と汎用製品（発電機用エンジンや船外機、農業機械等）を生産していたが、1963年から四輪車（自動車）の生産を行うようになった。[6] 現在の本田技研工業の組織体制は、**図表付−2**のようになっている。

これはいわゆるマトリックス組織と呼ばれる組織形態であるが、具体的には、地域本部を縦軸に、事業本部・機能本部を横軸に位置づけて、地域強化と全体最適との整合を図る仕組みとされている。地域本部は、全体最適の視点を持ちつつ、地域事業運営の強化および自己完結型運営の強化を図るものとしている。事業本部は、製品を軸として効果・効率を追求する世界最適運営のための企画・調整を担っているとされる。そして、各地域本部がその地域における事業運営に責任を持ち、自立・強化を図り、事業本部は世界最適を考えた企画・調整機能を図るものであるとされている。そして、各地域本部には、S（Sales：営業）、E（Engineering：製造）、D（Development：開発）の各機能が包含され、各地域の企業活動に伴う全ての意思決定は、地域本部が責任を持って行う体制となっている。[7]

「本田技研工業は、日本、アメリカ、欧州、アジア・太平洋州、南米と、縦軸に『地域事業本部』があり、日常業務は各地域事業本部がかなりの責任と権限を持って仕事を回しています。個々の地域の中に、営業に近いマーケティング部門があり、それぞれの地域に最適のマーケティングや商品を検討しています。横軸には、『四輪事業本部』、『二輪事業本部』、『汎用事業本部』があり、全世界を横軸で通しています。たとえば、全世界で販売している『アコード』という車は、日本の地域事業本部では『アコード』をどのようにしたいか、どのようにして売りたいかなど、それぞれマーケティングと商品をつなげて考えていくわけです。それを横軸で全部みて、それぞれの地域の特性を生かしながら一つの商品にまとめ上げていくという仕事を、四輪事業本部がやっているわけです」（黒田取締役）

製品開発については、1957年に埼玉製作所の設計部を独立させ、本田技術研究所を設立、1960年に株式会社本田技術研究所を設立し、製品開発部門を別会社としている。[8] このように本田技研工業では、製品開発部門を別会社としているなど、非常に特徴的な体制を取っているが、これは、藤澤武夫・元本田技研工業副社長が打ち出した構想であるとされている。

「いつまでも、本田宗一郎一人を頼っての企業ではいけない。一人どころか何人もの本田宗一郎を輩出していかないかぎり、安心して生産企業はやれない。それには部門別でのエキスパート、総合するエキスパートなどが企業の守り神。一生をかけて〝一つの道をやり遂げてもらう〟には、研究所を独立させ、誇りある地位でなければならぬ[9]」

ここでは、技術者として非常に卓越した能力を持っていた、同社の創業者である本田宗一郎氏に大きく依存した製品開発体制から、同社の技術者の能力を集結し高めていくことによって、本田宗一郎氏がいなくても、安定的に高い製品競争力を維持できる、製品開発体制への変更が意図されていたと考えられる。

本田技術研究所は、本田技研工業の研究開発部門を担当する子会社である。同研究所は、本田技研に商品として図面を販売することで売上げを得る一方、本田技研から売上高に応じて一定の比率で受け取る研究開発費の運用によって、経営を成り立たせている[10]。同社の社是は以下の通りである。

「我々は本田技研と不可分な関係に立ち、多分野にわたる高度の研究に即応する独自の組織を活用し、個性と能力の自由な発揚を計り、その成果である商品図面を販売する[11]」

同社の組織体制については、**図表付―3**のようになっている。本田技術研究所の組織の特長は、典型的な「文鎮型組織」である。少数の役員以下、すべてのスタッフは横一線の同一ライン上にある。研究所はエキスパート（専門職）の集合体であるため、そのエキスパートの能力を効率よく結集させ、チームワークによって企業ニーズに応えるために、組織よりも個人を重視する組織体系にするために

図表付-3　本田技術研究所の組織

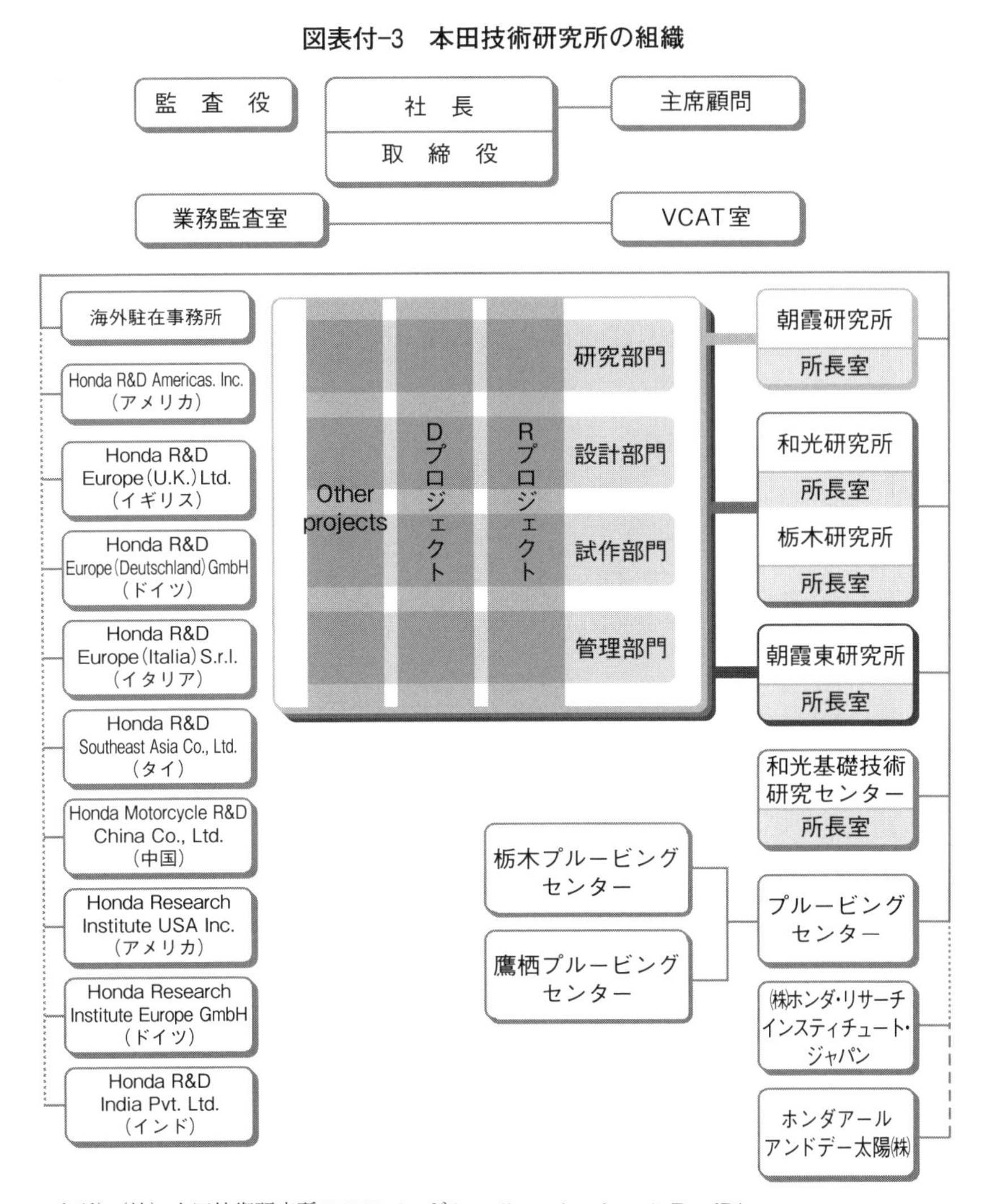

出所）（株）本田技術研究所 WWW ページ http://www.honda.co.jp/RandD/

つくりだされたものである。職制についても、独自の資格制度を採用している。その資格は、ECA（主席技術顧問）、ECE（主席研究委員）、CE（主任研究委員、主任技術員）、ACE（研究員、技術員）、一般職員とに分かれる。このうち、ECAとECEは役員に位置づけられるが、この2つには「年俸制」が採用されている。[12]

「研究所では一人ひとりの能力が最大限に発揮されて、研究に専念できることが大切なことであって、これは従来の三角形の組織や職制では、ちょっと期待できないのではないか」[13]

「ピラミッド構造は確かにコントロールしやすい。…反対にこの文鎮組織――これほどコントロールしにくい組織もない。何かことが起きても、さあ誰を叱ればいいのか。しかしコントロールしにくいような組織を作っていかなければ、下の人たちは働きがいを持たないということは、はっきりしている」[14]

藤澤元副社長がこのように述べているように、本田技術研究所では組織を本社と分割し、独自の人事管理体制とすることで、経営や生産の現場の事情に左右されずに独創的なアイデアが生まれることを狙いとした措置であったとされる。[15]「フィット」の開発にかかわった黒田取締役からも、以下のような言葉が聞かれた。

「『フィット』を開発するときに、最初はどうしても既存のレベルからの発想になるわけです。開発投資を抑えるため、なるべく今までの部品を使いながら、新しいものを作ろうという、それが常套手段ですが、今回はとにかく段違いの車を作るというのが命題にありますから、そういう既存の手法ではなくて、まったく新しい車ができないかということを、開発チームに一生懸命考えてもらったわけです。ホンダの場合は、開発部門が別の組織になっていますから、ある程度自由に、時間的な制約も離れて発想ができるという仕組みにしていますので、しがらみを超えてとにかく考え抜いた結果が、『フィット』に到達したということです」

本田技研工業が、同業他社に比べて遅い時期に自動車市場に参入した企業であり、また、町工場から始まった同社は、資本力自体もそれほど大きなわけではなかった。よって、明確な差別化を図り、製品に大きな特徴を持たせることで、製品競争力を高める必要があった。そのため、独創的な製品を生み出し、それを具体化するのに適合した組織の構築を行ってきたと考えられる。

同社においては、Research & Development（R&D：研究開発）について、両者を分離し、以下のように定義付けを行っている。R（研究）とは、「魅力ある商品を生み出す基礎となる新技術の開発」、すなわち、未知の技術（個別、複合）を完成する研究段階である。一方、D（開発）とは、「生産販売に供する商品の開発」、すなわち、R段階で新技術を身につけ、その技術で商品を開発することであるとされている。R段階では、自己申告された研究テーマが研究所の役員などによって構成される評価委員会において審議され、研究テーマの目的を明らかにする手助けと、研究の手順のアドバイスが行われる。

結果として、その採否が決まり、採用された場合には、開発責任者（LPL）と目標時期が明示される。開発責任者は、アドバイスされた手順に従い、開発の方案、方法、日程を自ら提案し、そのステップごとに（R0、R1、R2）評価を受ける。D段階は商品化を前提としており、「企業のニーズ」によって開始される。まず、企業ニーズによって示された大まかな商品イメージを、所長により

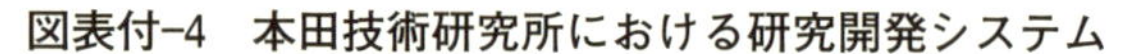

図表付−4　本田技術研究所における研究開発システム

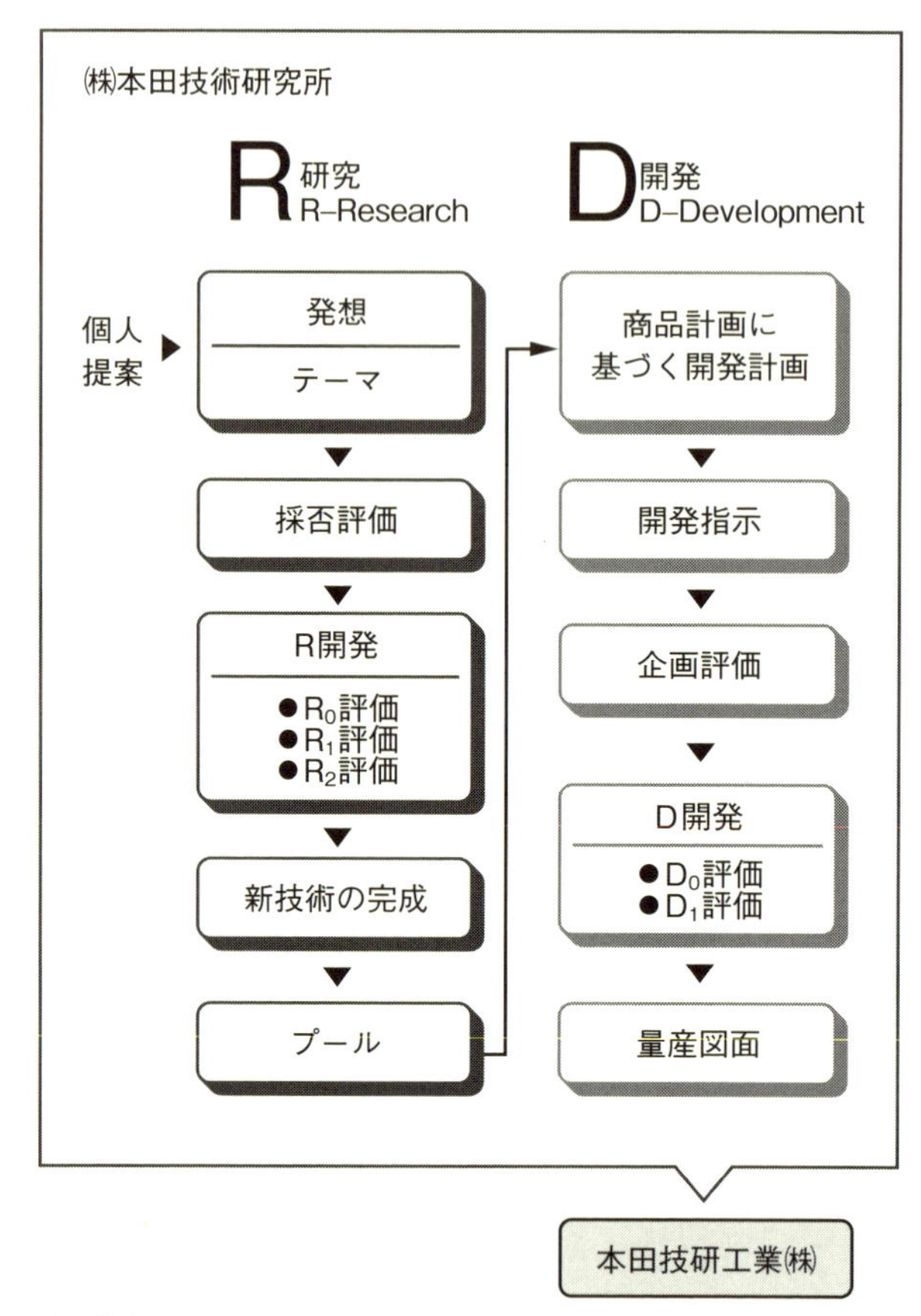

出所）（株）本田技術研究所 WWW ページ http://www.honda.co.jp/RandD/

任命された開発責任者が開発要件として作成し、テーマのより高いレベルの到達を目指し、速やかな目標達成を目指すための企画案が、企画評価会に提案される。企画評価後は、そのステップ（D1、D2、D3）ごとに定義づけられた各評価要件および現物を提示し評価を受ける。こうしたプロセスを経て、最終的に量産図面として本田技研工業に販売されることとなる[16]（図表付―4）。

これまで、ホンダの研究開発は本田技術研究所の主導で行われており、そこでは本社の経営事情から離れたところで自由に研究開発を進めることによって、独創的な製品開発を行ってきた[17]。そのため、本田技研工業の製品はプロダクト・アウト的な要素が強くなる傾向があり、ややもすると、顧客のニーズとの乖離がみられるといった問題が指摘されてきた。また、「技研貴族」といわれるように、設計変更が頻繁に行われ、製品機能の向上に努めるあまり、コストに対する意識が低くなる傾向にあった[18]。

そこで、これまでの本田技術研究所主導の研究開発から本田技研工業主導の研究開発への移行が図られ、本田技研工業における「四輪事業本部」には、次期モデルの商品関連部門が集約された。「四輪事業本部」は、開発・生産・販売が一体となって、より消費者のニーズに即応する開発体制の必要から、四輪車の製品開発。部品購買・生産・販売などを企画・調整するところである。これは、新車開発部門の強化、開発のスピードアップ、コスト削減を図るものである。これによって、本社・四輪事業本部が次期モデルの商品開発全体を担当し、本田技術研究所が将来的な研究開発を担当するという、明確な役割分担ができ、完全な本社主導型の研究開発体制が取られることになったとされる[19]。また、本田技研工業においては、S（営業）、E（生産）[20]、D（開発）それぞれの部門に所属するメンバーをプロジェクトチームとして、製品開発を行っているとされる。これは、「S・E・Dシステム」と呼ばれている。

「以前は、開発の人たちの思い込みで作っている部分がものすごくあって、『開発者＝お客様』みたいな構図でやっていたわけですが、実はお客様の気持ちがよくわかっていなかったり、作る側の都合や、販売の人たちの気持ちも十分つかめていませんでした。そこで、ここ10年は、いわゆる『SEDチーム』という、営業、生産、開発が一緒になったプロジェクトチームで製品開発を行ってきました。そのため、それぞれの意思疎通というのは、かつてに比べると極端に違います」（黒田取締役）
また本田技術研究所には、将来のホンダの技術の基礎となる独創的、革新的な新技術の創造を目的とした、基礎技術研究センターが埼玉県和光市にある[21]。
以上、本田技研工業および本田技術研究所の組織について概略的にみてきたが、以下では、本田技研工業が2001年に発売した「フィット」の製品開発プロセスを検証することによって、そこにおいて採られた企業戦略について考察することとする。

3 「フィット」のコンセプト

本田技研工業が2001度に発売した小型車「フィット」（写真付―1）は、2001年度新車販売台数2位になるなど、記録的なヒットであったといえよう。また、「2001―2002日本カー・オブ・ザ・イヤー」（日本カー・オブ・ザ・イヤー実行委員会主催）、「2002RJCカーオブザイヤー」（日本自動車研究者・ジャーナリスト会議主催）といった賞をはじめとして、「GOOD DESIGN AWARD 2001」（2001―2002日本産業デザイン振興会主催）、「オートカラーアワード2002 オートカラーデザイナーズ賞（カラー企画部門）」（社団法人日本流行色協会）、「2001年日経優秀製品サービス賞」（日本経済新聞社）といった各賞を獲得するなど、各方面から大き

写真付−１　ホンダ・フィット

出所）本田技研工業（株）提供

く注目された製品であった。

同製品は、全長３８３０㎜、全高１５２５㎜、全幅１６７５㎜と、小型車（Ｂカテゴリーといわれる）の部類に属する製品であるが、５名乗車が可能となっている。エンジンの排気量は１・３Ｌで、10・15モードの燃費が23㎞／ℓと、非常に低燃費の設定となっている。また全グレードに、運転席・助手席エアバックとし、従来若干高価な装備とされていたＥＢＤ（Electric Brake force Distribution：電子制御制動力配分システム）付きＡＢＳ（Anti-lock Brake System：急制動時車輪固定防止装置）、およびＣＶＴ（Continuously Variable Transmission：無段階変速装置）が採用されているが、価格は、１０６・５万円（車両本体価格）からと、同業他社の競合車種と比較して、安い価格設定になっている。

同製品の特徴として、以下の３点が挙げられる。

第1に、「燃費MAX」として、「世界最高水準の超低燃費」が目指されている点である。具体的には、新開発エンジン「1・3L-i-DSI（Dual & Sequential Ignition＝ツインプラグ&位相差点火）[22]」が採用されている。これは、「とにかく燃費を今までにないレベルにしようということで、最初から燃費を徹底的に追求した、新しいコンセプトのエンジンを開発した」（黒田取締役）ということで、従来の同社製エンジンによくみられた、高出力型のハイパワー・エンジンとは若干違ったものになっており、低速から乗りやすいエンジン特性が実現されているとされる（最高出力86PS／5700rpm、最大トルク12・1kg・m／2800rpm）。また、従来の1・3Lエンジンに比べて軽量・小型化され、前後長でマイナス118mm、全幅マイナス69mm、重量マイナス7kgとなっている。結果として、10・15モードにおける燃費23km／ℓという、例をみない低燃費が実現されている。また、新開発のCVT「ホンダ・マルチマチックS」も燃費向上に寄与しているが、このCVTにはアクセル踏み込み量と頻度から、運転者の意思を読みとり、走行モードを自動的に切り替える機能もついている。加えて環境性能も、2000年度基準排出ガス規制値の50％以下を実現している。

第2に、「楽しさMAX」として、「背高ワゴンをしのぐ多機能性」が目指されている点である。後部座席シートが床下に収納できるようになっており、また、シートを立てたり寝かせたりが非常に簡単にできるとされている。これらは、「バーサティリティ（versatility＝多能、多芸）」と呼ばれ、小さい車体でワゴン車以上の広さと使い勝手が目指されており、「乗ってみてすごいと思ってもらえるような使い勝手を実現」（黒田取締役）するということで、**図表付―5**のようなさまざまな使い方ができるように設計されている。これは、「グローバル・スモール・プラットフォーム」（図表付―6）によ

図表付-5 「フィット」のシートアレンジ

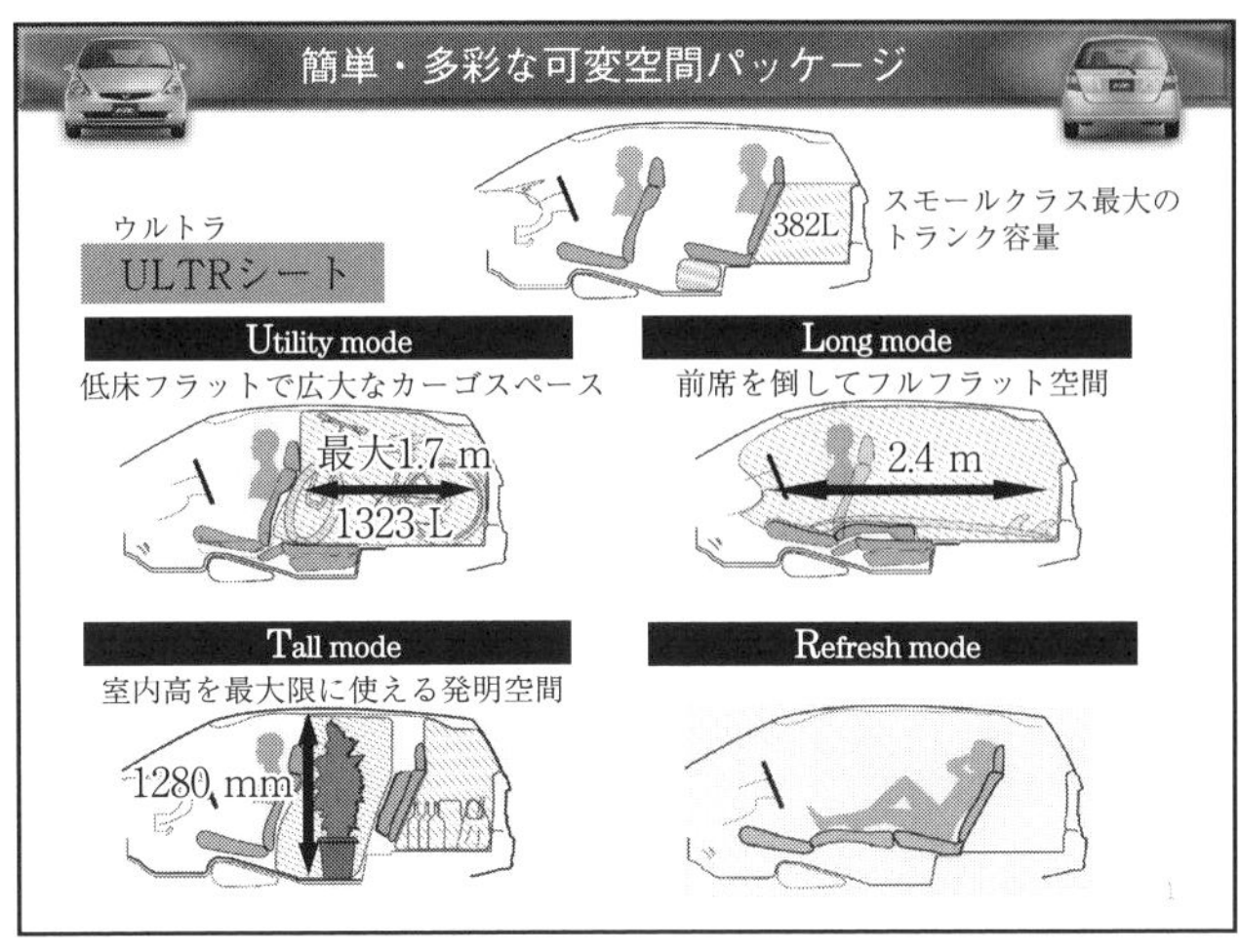

出所）本田技研工業（株）提供資料

図表付-6 「フィット」の「グローバル・スモール・プラットフォーム」

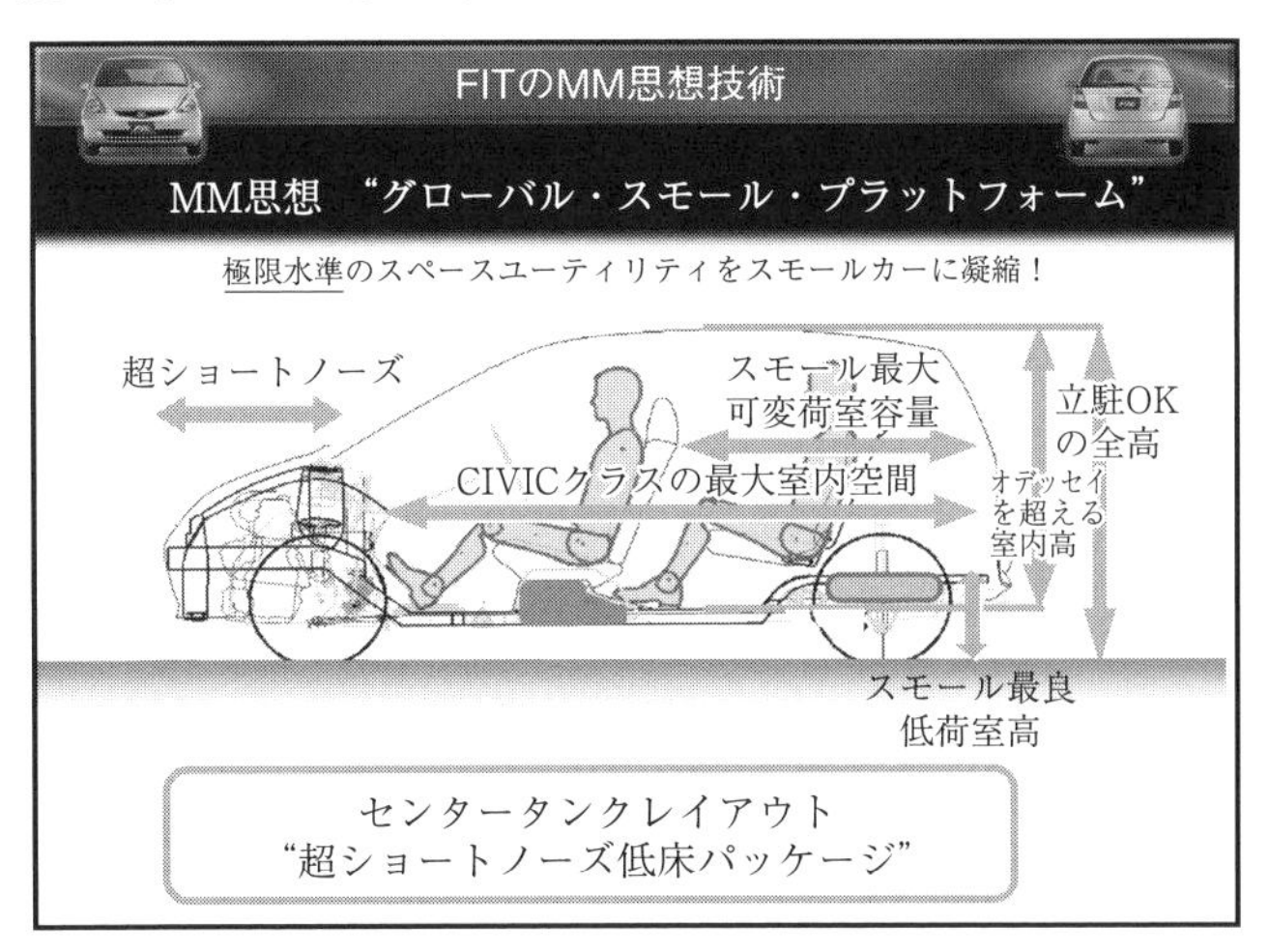

出所）本田技研工業（株）提供資料

図表付−7　センタータンク・レイアウト

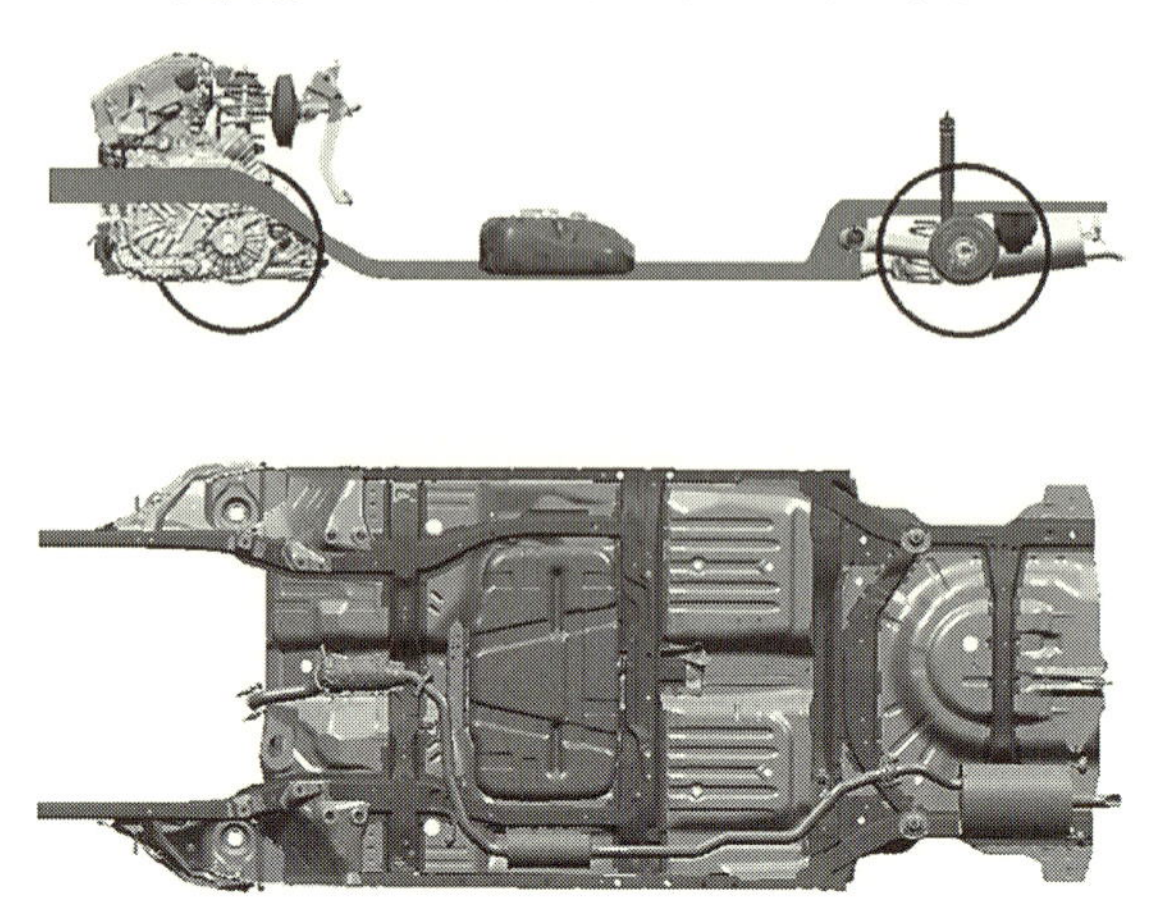

出所）本田技研工業（株）提供資料

って実現されたものである。

具体的には、コンパクトなエンジンとリア・サスペンション、そして、「センタータンク・レイアウト」（図表付−7）という技術が前提となっている。従来、リアシートの下に配置されていた燃料タンクを、フロントシートの下に配置することで、広いキャビンと荷室、低床レイアウト、そして多彩なシートアレンジが実現したわけである。そして、シートは同社の「オデッセイ」と同じサイズのものが使われており、身長190㎝の大人4名がゆったり座れるように設計されている。ちなみにこうした設計は、同社の「MM（Man maxi-mum, Mechanism minimum）思想」が反映されている。これは「人のための有効な部分は最大に、車としての機械の部分は最小に」という考え方である。

第3は、「カッコ良さMAX」として、「近未来デザイン」が目指されている点である。エクステ

図表付-8 「フィット」のエクステリア・デザイン

エクステリアデザイン
全身・前進・全新
ZENSHINCABIN FORM
進化した モノフォルムスタイル
8 ライト・グラッシー　ビックキャビン & 超ショートノーズ
未来感・存在感 のある フロントフェイス
力強い下半身・マッシブな前後フェンダー
高速実用燃費に効果のあるトップクラスの空力性能

出所）本田技研工業（株）提供資料

リア・デザインでは、「ZENSHIN CABIN FORM」というコンセプトが打ち出されている（「ZENSHIN」とは、「全身」、「前進」、「全新」を表している）。具体的には、エンジンのコンパクト化によって、ボンネットの部分を小さくし（ショートノーズ化）、キャビンの居住性を最大限に確保しつつ、「ホンダらしい、スポーティでダイナミックな、動きのあるデザイン」（黒田取締役）が目指された（図表付−8）。

また、「フィット」は欧州を意識して開発されたということで、高速走行時の燃費についても考慮され、「たとえば、前から見たときの、いわゆる前面投影面積、大きさ、それから空気抵抗係数等を、風洞実験でかなりいろいろトライして、それらと両立できるデザインというものを目指して開発」（黒田取締役）されたということである。

インテリア・デザインについては、「DYNAMIC LAYERED STYLE」を基本コン

図表付-9 「フィット」のインテリア・デザイン

出所）本田技研工業（株）提供資料

図表付−10 「フィット」の受注・販売状況

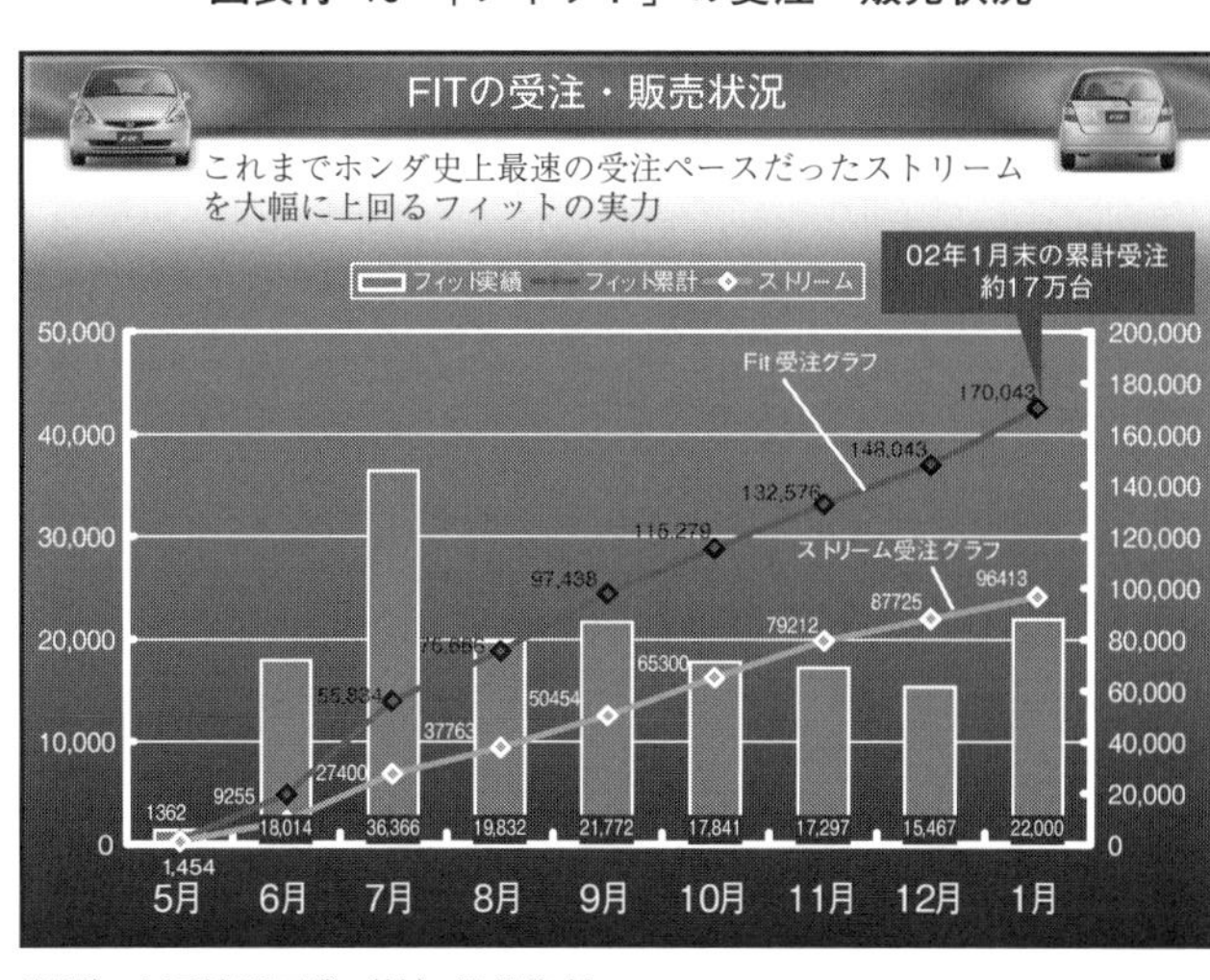

出所）本田技研工業（株）提供資料

セプトに、「削ぎ取った広々感とスポーティさを大胆に重ね合わせる」ことが目指されている（図表付―9）。そして、ドイツにあるHRE（HONDA R&D Europe, G. m. b. h）のデザイン研究所と共同でデザインが設計されている。たとえば、「メーターのあたりの意匠とか、センターパネルあたりのアイデアみたいなところは、ヨーロッパのデザイナーの発想をかなり取り込んでいる」（黒田取締役）ということである。

この3点をトータルとして、「パーソナルＭＡＸ」として打ち出し、「なるべくお客様にわかりやすい、しかもそのレベルが今までのクルマにないものを目指す」（黒田取締役）ということで、取り組まれたとされている[23]。

こうした特徴を持つ「フィット」は、２００２年1月末の累計受注が約17万台となっており、同社の記録的な大ヒット製品となっている（図表付―10）。以下では、この「フィット」を例に取り、同社の製品開発についてみていくこととする。

4　全社的事業計画から開発指示まで

まずは、本田技研工業において全社的な中長期の事業計画が策定される。ここでは、各地域事業本部の意向を受け取り、どの地域に、どのような車種を、どういったタイミングで投入するかなどについて、全社的な見地から判断して計画し、経営会議において承認を得ることになる。

「各地域事業本部のいろいろな意向を受けて、全体の商品ラインアップをどうするかを決めます。一つの商品を作ったり止めたりというのは、トップ・マネジメントの権限になりますから、最終的には、経営陣が全部いるところで商品戦略会議を行い、全世界の商品ラインアップを計画します。各地域に、何年に、どういう車を出す、その車は日本以外にどこに売るとか、そういうものを戦略的に全部定めて、社長や各地域事業本部の本部長だとかを、全部集めて行います。たとえばどこかの本部が、ある商品をラインナップに欲しいというと、こちらで計画・調整して全部決めて、最終確認は全役員の前で承認を得る形です。これは、役員会議の一部ですが、独立してだいたい年に一回やっており、修正はその都度行います」（黒田取締役）

この計画に基づいて、四輪事業本部において機種計画（商品計画）が策定され、それが本田技術研究所に渡り、実際の製品開発に移るわけである。

「たとえば、2005年にはこういう商品を出して、こういう事業をしたいという大きな枠組みが定められています。これは非常に概括的なものですから、もう少し商品にきちっとブレークダウンできる形で、機種計画を定めるわけです」（本間RAD）

一方で、本田技術研究所においても、中長期的な事業計画が策定され、エンジンなどのコア技術や先行技術が、全体を意識しつつも研究所独自の判断によって開発され、春と秋の年に2回、総括が行われている（特にエンジン開発は非常に時間がかかるため、先行していることが多い）。また、製品の原型部分の先行開発が行われていたりすることもある。この段階では、四輪事業本部長（代表取締役・専務）と、本田技術研究所のトップともやりとりをして、計画の枠組みや事業規模の見直しをしたり、先行技術や先行デザインの活用について議論がなされたりしながら、機種計画が策定される。「フィット」の開発に際しては、以下のような状況となっていた。

「90年代の前半は海外展開にかなり力を入れていた時期で、結果的に日本国内の商品が正直いって非常に苦しく、どこかのメーカーに吸収されるなどといわれていた頃です。そのころに、次のいろいろな展開を考えていて、94年に『LCVシリーズ』として、『オデッセイ』、『CR−V』、『SM−X』、『ステップワゴン』を相次いで投入しました。これで新しい商品ジャンルというものを構築して、これで一気に90年代前半の劣勢を挽回して、形勢が変わりました。

その後に『スモールシリーズ』を96年から展開しました。『ロゴ』（写真付−2）のプラットフォームをベースに、『HR−V』、『キャパ』を投入したわけです。しかし、『ロゴ』は日本のために開発された車で、結果は失敗ではなかったわけですが、まあまあというところでした。ここでかなり日本の、特にスモール領域のお客様の特性や、男性・女性の車選びの考え方など、いろいろノウハウを勉強す

写真付-2　ホンダ・ロゴ

出所）本田技研工業（株）WWW ページ（http://www.honda.co.jp）

る機会となりました。その後、軽自動車が新規格になって、軽シリーズでいくつか出しました。こういった伏線があって、日本のお客様については、ご家族のお客様から個人のお客様、男性から女性のお客様までいろいろ勉強して、かなりいろいろなことがわかったわけです。

実はこの後、トヨタさんが『ヴィッツ』（注：『フィット』とほぼ同じサイズの小型車）とそのシリーズを出されて、このスモールシリーズは完全にやられてしまいました。この時期には、すでに『フィット』の開発に着手していまして、今までの経験をもとに、やはり日本のローカルな売り方だけではなかなか世界に通じるというのはできないということから、次は世界を目指して売ろうというところが根底にありました。

現在の世界の自動車市場では、コンパクトカーが全世界の中の13％、680万台ぐらいとなっており、その6割ぐらいがヨーロッパです。したが

図表付-11　自動車のカテゴリー

カテゴリー	排 気 量	例
A	1,000 cc 未満	軽自動車、メルセデス・ベンツ A クラス
B	1,000–1,500 cc	ホンダ・フィット、トヨタ・ヴィッツ、日産・マーチ、マツダ・デミオなど
C	1,500–2,000 cc	トヨタ・カローラ、ホンダ・シビック、日産・サニー、フォルクスワーゲン・ゴルフなど
D	2,000–3,000 cc	ホンダ・アコード、トヨタ・カムリ、フォード・トーラス、フォルクスワーゲン・パサートなど
E	3,000 cc 以上	メルセデス・ベンツ E クラス、BMW 7 シリーズ、レクサス IS 220

って、ヨーロッパでちゃんと勝てないと、世界を制するということにはならず、『じゃあどうやってヨーロッパで勝とうか』ということを、3年以上前にいろいろ考えました。ヨーロッパでは現在、自動車の燃費に関して『CAFE』[24]というかなり厳しい目標が定められており、それに向けて、圧倒的に燃費がよい車で、先進性を明快に出そうというものを、まず核に考えてみました。そのために、技術や車の形態をそこに集中しようというふうに定めたわけです」（黒田取締役）

このように、自社の商品に関する状況や、世界の自動車市場および同業他社の動向を総合的に判断し、どういった製品を開発する必要があるのかについての大枠が定められることになる。

「フィット」の場合は、「ロゴ」のモデルチェンジに伴う後継車として、世界のコンパクトカー（コンパクトカーの場合は「Bカテゴリー」と呼ばれる。図表付―11参照）をめぐる状況と、自社の商品（「ロゴ」のモデルチェンジなど）および他社の動き（トヨタ自動車「ヴィッツ」発売など）から総合的に判断して、以下のようなものとなった。すなわち、「Bカテゴリーの車両寸法」「世界最高水準の低燃費」「欧州を中心に世界展開」の3点である。その後、機種計画をもとにした開発指示が出されることとなる。

5 企画立案から企画評価まで

このようにして出された開発指示の下で、S（営業）、E（生産）、D（開発）各部門から招集されたメンバーで構成されるプロジェクト・チームが結成される。このリーダーになるのが、RADと呼ばれる開発総責任者である。RADは研究所出身者が3名、生産部門出身者が1名、営業部門出身者が1名の、計5名がいるとされる（ヒアリング時）。「フィット」の担当であった本間日義RADは、Aカテゴリーおよびカテゴリーを担当し、そのカテゴリーにおける複数の車種について、企画から販売までを統括している。

「営業、生産、開発、品質、購買など、各役割に合わせて組織が分かれているわけですが、その機種ごとにプロジェクトを編成します。たとえば、2003年モデルの『アコード』を開発する際には、各地域事業本部のマーケティング担当者、研究所の開発プロジェクトチーム、購買担当チーム、生産担当チームというのがそれぞれできまして、それを網羅した『S・E・Dチーム』というのを作ります。そこがかなりの権限を持って商品開発をやります。これは、開発が終わるとそれで解散になるのですが、時間軸でみたときに商品の連続性がなくなるということがありますので、四輪事業本部のRADという人たちが、すべての商品系列で継続性をみるという仕組みを取っています」（黒田取締役）

実車の開発指示が出された時点では、上述のようにまだ大枠しか決まっていない。「フィット」の場合は、１９９６年発売の「ロゴ」の後継車であり、車体寸法は「Ｂカテゴリー」、「欧州市場戦略車」として欧州を中心に世界展開する、そのために、新規開発エンジン、画期的な低燃費の実現が必要であるということが決まっていた。[25] 欧州では小型車の需要が大きく、欧州市場戦略のためには、小型車の開発が必要とされていたわけである。

この実車開発を取り仕切るのがＬＰＬと呼ばれる人物である。ＬＰＬを中心とした本田技術研究所の開発チームが、[26] 四輪事業本部から受け取った大枠をベースに、実際の製品コンセプトを練り上げていくわけである。

「仕事が、上から一糸乱れず、多くの人を引っ張りつつ、動いているかのようなことを予想されるかもしれませんが、それはまったく逆です。『世界最高水準の燃費で環境に寄与』、『Ｂセグメントに参入する』、会社からいわれる指示はそれだけで、あとはこちら側が、いつ間にか提案者になっているんです。よく議論のなかで出てくるのは、『チームはどうしたいんだ』ということです。『あんたが出した指示なのにどういうことだ』と、普通は考えられないようなことになるんですが、それが実態で、むしろ『自主的に提案して持ってこい、その代わり良いものであればどんどん採用する』という、主客逆転したような状況です」（松本ＬＰＬ）

このように、開発指示で示された大枠に沿って、ＬＰＬを中心とした開発プロジェクトチームが、自ら提案者として比較的大きな裁量を持って、コンセプトを創り上げていくことが行われている。

こうしたコンセプトをつくりあげていく際に、開発担当者が市場の実態を直接みることで、その見聞をコンセプトづくりに役立てるといったことが行われている。たとえば、「フィット」の場合では、欧州を中心に発売することが念頭に置かれているため、1997年末に「フィット」開発メンバー6名が集まり、欧州市場（イギリス、フランス、ドイツ、イタリア、スペイン）の視察を早速行っている。ここでは、昼間に個人宅や自動車販売店の訪問、スーパーマーケットや蚤の市を観察、夜は自動車関係の雑誌、書籍を購読することで、欧州市場についての理解を深めることが行われた[27]。

このように、ターゲットとする市場の現状を直接みることで、それを理解し、顧客の要望などを製品に取り込んでいくことが必要とされるわけであるが、実際に製品が完成するのは、それから3年から4年ほどかかる。そのため、現在の市場が求めているものを製品として提供する頃には、顧客の要求にそぐわなくなっているということも考えられる。現在の市場の動向をみて、その需要を取り込むだけの単純な「マーケット・イン」では、対応できないといえるのではないだろうか。この点に関しては、以下のような言葉が聞かれた。

「一般的な特性として、マーケットというのは、過去のマーケット、現在のマーケット、近未来のマーケットといったように、時間軸の上に存在しています。立場によって、同じマーケットだとしても、どこをみるのかが変わってきます。営業部門はどうしても過去からせいぜい現在までをみますが、よりクリエイティブであるべき製品開発担当者などの作り手側ほど、先をみようという意識があります」（本間ＲＡＤ）

「未来のことはわからないことですから、はっきりと未来に対してできることとは、要するに『未来をどうしたいか』という意思だけだと思います。その意思が入るように商品を創っていき、現実の商品にお客様がついていただければ、未来がそうなったということだと思います。だから、それが外れたりしないように、お客様の価値観と、それと結びつくシーンの設定のようなものをしつこくやっています。知識だけならヨーロッパに行かなくても情報は入ってきますが、たとえば、ワイン6本の重さや、カートの大きさに対する人の大きさなど、こういったものを見に行くことは非常に役に立ちました。『ドイツではこういうのを使っている』といったような情報を、事前にもらっていましたが、実際行ってみたらそんな人はいなくて、駐在員がそれを使っていたなど、そういうことは、やはり行って確認して気づくことです。『あっ、本当はこんなものなんだ』と思うことが、出発点として非常に大切なような気がしています」（宇井上席研究員）

このように、ターゲットとする市場の顧客の動向について、実際に目で見て体感することで、それを理解し、その先にある潜在的な顧客の要求に対して、それを製品という形で提供することが必要であると考えられる。この点については、岩倉信弥・元本田技研工業常務取締役は以下のように述べている。

「不変性や有用性を持ちながら、その時どきの時代性を求めるには、企業からの『プロダクト・アウト』とユーザーのニーズからの『マーケット・イン』のバランスを取らなければならない。…そのキーファクターは、『世の中の動きや人の心を感度良く知り抜くこと』にある」[28]

藤本が、「製品開発は一種のシミュレーション[29]（事前再現）」と述べているように、ターゲットとする市場について理解し、そこに製品が投入されると予想される時点における市場の状況を念頭に置きつつ、そこでの顧客が満足を得られるような製品を提供することが求められる（藤本・クラークはこれを「市場構想力（market imagination）」といっている[30]。そうした役割を主に担い、製品のコンセプトを創出するのが、本田技術研究所のＬＰＬを中心とした開発メンバーである。大枠しか決まっていない製品のコンセプト創出に際しては、開発プロジェクトチームは比較的大きな裁量を持つことができるが、開発指示と実際に開発している車とのずれが出たりしないように、これをチェックする仕組みが必要となる。

まずは、本田技術研究所の内部においてチェックが行われる。先述のように、本田技術研究所では、先行研究の意味合いが強い「Ｒ研究」について、これをチェックする「Ｒ評価」という評価会が行われ、これをパスしたものが新技術としてプールされる。「フィット」の場合では、「ｉ－ＤＳＩ」などがこれに当たる。そして、四輪事業本部の開発指示によって、プールされている技術の採否も検討しつつ、機種計画で策定された枠組みに基づく企画が立案され、企画評価が行われる。これをパスしてから、実際の開発が始まることになる（図表付－4、170頁参照）。

企画では、まず自動車の「パッケージ」を決めることから始まる。「パッケージ」とは、「機械の部分や人間の居住空間をどれぐらい取る必要があるのか、荷物のためのスペースをどれくらい取らないといけないのか、車全体はどういう大きさに作らないといけないかなど、『どうやって人を包むか、機械を包むか』ということ」（宇井上席研究員）であるとされる（図表付－6、175頁参照）。この「パッケージ」が決まることで、自然に外の寸法も決まってくるわけである。

「フィット」の開発に際しては、Ｂカテゴリーの車体寸法で、最大限の居住空間と多目的に使用できるシートアレンジを追求するため、通常リアシートの下部に配置されている燃料タンクを、フロントシートの下部に配置することが検討された。これは、先述の「センタータンク・レイアウト」と呼ばれるものであるが、これを軸に臨んだ最初の評価会ではかなり厳しい評価となったとされる。その後、ホテルに泊まり込みで検討会を行い、再度評価会に諮り、数度の修正を経てようやく正式に承認されたという。[31]

「パッケージ」が決まった後、デザインの作成に移る。四輪車の実車開発は、栃木研究所（栃木県芳賀郡芳賀町）にて行われているが、四輪車のデザイン開発については、和光研究所（埼玉県和光市）にて行われている。デザインについても、本田技術研究所において評価会が行われ決定される。デザインの方向が決まれば、設計部門や生産技術部門とも調整して企画を作り、SED各方面のトップによる評価会が行われ、それをパスすれば実際の開発・設計に移るというわけである。

ここまでの部分については「仕込み」と呼ばれ、「フィット」の場合は約2年半ほどの期間を要したとされる。ただし、「ロゴ」のモデルチェンジを前提とした小型車の先行デザイン案や、「R研究」のような技術の先行開発などもあるため、「仕込み」の期間については多少曖昧な部分もあるといえそうだ。

6　実車開発から量産図面完成まで

企画が評価会をパスしてから、実際の開発段階に移ることになる。開発総責任者であるRADは、SED各部門との調整や取りまとめを行っていく。そこでの開発部門のトップがLPLになるわけである。

LPLは、上記の企画におけるコンセプトに基づいて、その完成度を高めつつ、開発を進めていくことになる。そしてここでも、開発の節目ごとに研究所内での「D評価」が行われ、開発された中身のチェックが行われるわけである。そして、より大きな開発の節目では、本田技研工業の人間も含めた、SED各方面のトップによる評価会においてチェックが行われ、量産図面が完成するということになる。

「たとえば、『フィットはこういう目的で、5ドアと3ドアをヨーロッパと日本向けに作りなさい』、『値段はこれくらいで、収益をこれぐらい出すために、コストはこれぐらいでやりなさい』という、開発の大枠を定めたものを開発指示として出します。それをもとにして、それを実現する最高のものを、チームが一生懸命考えてくれるわけです。そこのハードを決めるプロセスは、ある程度チームの人たちにお任せして、企画の過程で、デザインができた、企画が完了したという節目で、事業的にどうか、ハードウェアはちゃんと日程通りできるかということを、営業や生産、開発担当の役員を集めて評価会をやります。企画が終わると、今度は実際の開発作業に入りますので、車ができてテストが終わったところでまた確認して、それを工場が受け取って、生産準備が終わって量産に入るところでもう一回やります。その間はチームが全部自由に勝手に開発を行っていきます」（黒田取締役）

「フィット」の重要なポイントの一つであるデザインにおいては、和光研究所とHREのデザイン研究所との両方にデザイン作成を依頼し、コンペを数回にわたって行い、入念に両者の比較・検討を行うなどして、最終的なデザインが決定された。当初「フィット」は、3ドア車（車の両側面に1枚ずつと後方に1枚のドアがあるもの）と5ドア車（車の両側面に2枚ずつと後方に1枚のドアがあるもの）の2種類を開発し、欧州では3ドアを中心に5ドアも販売、日本では5ドアのみが販売される予定であったため、両方のデザイン開発が並行して進められていた。しかし、欧州で5ドア市場が拡大しつつある状況から、経営陣の判断で、ほぼ2年間かけて進められていた3ドア車のデザイン開発は、完成目前で中止された。当初は3ドア車によって、個人的な利用を前提としたBカテゴリー最小サイズの製品が目指され、また5ドア車によって、多用途の利用を前提としたBカテゴリー標準サイズの製品が目指されていたが、この3ドアの中止によって、5ドア1台で、この両者が目指すものを満たすことが求められることとなった。そのため、3ドア担当のデザイナーは全員5ドア担当に投入され、急ピッチでデザインの開発が行われたとされる[32]。

「フィット」のもう一つの重要なポイントであるエンジン開発においては、フィット開発チームができる2年前から、その開発に着手していたとされる。しかし、吉野浩行・本田技研工業社長から、発売の3ヵ月前倒しが要望され、さらにその2ヵ月後に、エンジンの最高出力を今より10馬力、また燃費を24km／ℓに引き上げるように伝えられた。実は当初、エンジンの最高出力は75馬力、22km／ℓの目標達成の目処が立っていたが、トヨタ自動車の「ヴィッツ」が、「フィット」と同じ1・3Lの排気量のエンジンで、最高出力88馬力、燃費21km／ℓ（MT）を達成していたのである。そこで新しい目標をクリアするために、栃木県のホテルに担当者20～30名が泊まり込み、昼夜を徹して議論を行う「山籠もり」を行うなどして努力を重ね、最高出力86馬力、燃費23km／ℓが達成されている[33]。

このように、競合車種の台頭などや、製品コンセプトのさらなる追求のため、当初の目標を引き上げ、完成度を高めることが行われている。特に、製品の重要なポイントとして挙げられていた、燃費、デザイン、パッケージの3点については、とりわけ力が注がれていたようである。松本LPLも、デザインコンペを数回にわたって行ったり、「合宿」を行ったりするなどして、製品競争力の向上を試みている。Bカテゴリー車などの小型車においては、価格を高く設定することが難しいため、コストの問題も無視できないが、こうした製品競争力にかかわる部分については、コストをかけて完成度を高めることが行われていた。

「完璧に全部を完成させるというのはもちろんない。だからその車にとって一番大事なところから順番に考えます。ただし、音や乗り心地といった、譲れない『聖域』はあります。また、値段が一番大事だったら、少し速度を落としたとしてもコストを下げろとするやり方もありますから、それはその機種ごとに対応をします。『フィット』の『センタータンク』でも、『側面からぶつけられたらどうするんだ』とか、『コストがかかる』、『足元が狭くなる』、『排気量を上げたときに燃料タンクを大きくできない』という議論をするわけです。結果としては強い商品にできるかどうかが判断するべきところですから。『こんなにいいことがあるんです』、『こういう問題はどうするんだ』、『ちゃんと足も入ります、横からぶつかっても大丈夫です』、『金はどうするんだ?』、『金はちょっとかかります』、『金かけてもそれ以上にいい商品になればいいか』という議論は相当やりました」（黒田取締役）

「フィット」では、エンジン、トランスミッション、プラットフォームを含むほとんどの部品を新規開発し、上記のような重要機能についてはコストをかけている。また、シートについても上位機種と同等のものを採用するなどしており、多くのコスト増加要因が見受けられる。そしてこれらをクリアするために、系列外を含めた部品企業を集めて「フィット」の試作車を披露するという、異例の試みが行われた。こうして、「フィット」の製品競争力の高さと本田技研工業の意欲を部品企業にみてもらうことで、コスト削減への協力を促すということも行われている。[34]

このようにして量産図面ができ上がり、認証取得や生産準備など、他部門との最終的な調整を経て、量産に移ることになる。

なお、本章のまとめは次章で一括して行う。

（注）

（1）『日本経済新聞』2002年4月5日。2001年度の新車販売台数1位はトヨタ自動車の「カローラ」であったが、「カローラ・スパシオ」、「カローラ・ランクス」、「カローラ・フィールダー」などの派生車種を合わせての台数となっている。

（2）Clark, K. B. and Fujimoto, T. [1990]"The Power of Product Integrity", *Harvard Business Review*, November-December, pp. 107-118.（藤本隆宏・キム・B・クラーク著／坂本義実邦訳［1991］「製品統合性の構築とそのパワー―ホンダのベストセラーカー開発の秘密―」『ダイヤモンド・ハーバード・ビジネス』1991年2-3月号、4-17頁）、および、Clark, K. B. and Fujimoto, T. [1991]*Product Development Performance : Strategy, Organization, and Management in the Auto Industry*, Harvard Business School Press, Boston.（藤本隆宏・キム・B・クラーク著／田村明比古邦訳［1993］『製品開発力―日米欧自動車メーカー20社の詳細調査―』ダイヤモンド社）

（3）藤本隆宏・安本雅典編著［2000］『成功する製品開発―産業間比較の視点―』有斐閣。

（4）延岡健太郎［1996］『マルチプロジェクト戦略―ポストリーンの製品開発マネジメント―』有斐閣。

（5）藤本・クラーク［1993］前掲書、および、藤本・クラーク［1991］前掲書。

（6）『有価証券報告書総覧―本田技研工業株式会社・平成13年―』2001年7月、財務省印刷局、3頁。

(7) 本田技研工業WWWページ http://www.honda.co.jp/50 years-history/
(8) 小栗崇資・丸山惠也・柴崎孝夫・山口不二夫「1997」『日本のビッグビジネス22本田技研・三菱自動車』大月書店、23頁。
(9) 碇義朗［1986］『燃えるホンダ技術屋集団―本田技術研究所の創造現場をゆく―』ダイヤモンド社、43頁。
(10) 小栗崇資・丸山惠也・柴崎孝夫・山口不二夫［1997］前掲書、40頁。
(11) 本田技術研究所WWWページ http://www.honda.co.jp/RandD/ より引用。
(12) 小栗崇資・丸山惠也・柴崎孝夫・山口不二夫［1997］前掲書、40-41頁。
(13) 碇義朗［1986］前掲書、49頁
(14) 碇義朗［1986］前掲書、90頁。
(15) 小栗崇資・丸山惠也・柴崎孝夫・山口不二夫［1997］前掲書、23頁。
(16) この点については、株式会社本田技術研究所［1999］『Dream 1―本田技術研究所 発展史―』85-87頁、を参照。
(17) 小栗崇資・丸山惠也・柴崎孝夫・山口不二夫［1997］前掲書、37頁。
(18) 同社では、いったん完成した図面を変更する回数は、トヨタの3倍は多かったといわれている（『日経ビジネス』1995年1月30日号、24頁）。
(19) 小栗崇資・丸山惠也・柴崎孝夫・山口不二夫［1997］前掲書、38-39頁。
(20) 生産技術を担当する部門は、「株式会社ホンダエンジニアリング」として、これも本田技研工業とは別会社化されている。
(21) 基礎技術研究センターについては下記WWWサイトを参照。
本田技術研究所WWWページ（検索日：2016年1月22日）URL：http://www.honda.co.jp/RandD/wako_r/
(22) エンジンは、空気とガソリンの混合気を、スパークプラグを使ってシリンダー内で着火させることで、その爆発のエネルギーを利用するが、「i-DSI」では、通常一つのシリンダーにつき1本であったスパークプラグを2本利用し、その着火タイミングをエンジン回転数に応じて変化させることで、効率的な燃焼を行うことができるようにしたものである。

(23)「フィット」に関する記述については、本田技研工業発行のパンフレット（資料提供・株式会社ホンダベルノ平安）、『モーターファン別冊ニューモデル速報第285弾 HONDAフィットのすべて』2002年8月4日、三栄書房、および、本田技研工業提供資料によっている。
(24) CAFE＝Corporate Average Fuel Economy Regulation：企業平均燃費規制。
(25)『日経メカニカルD&M』No.568（2002年1月）、106頁。
(26) ちなみに、開発チームを率いるLPLの選定については、以下のようなことが聞かれた。
「LPLを選ぶ基準というのは、明確にはありません。それぞれの部門をマネジメントしている人たちが、『この機種は彼にやってもらおうか』というような話を最初にして、関連する人たちで話をして、良いということになれば、じゃあ『彼にやってもらおう』ということになります。結構『何となく』という感じで、その時その時でなるべく最適な人選になっていきます」（黒田取締役）
また、開発のチームメンバーについても、以下のような話が聞かれた。
「チームは、開発やデザインなど各代表それぞれ一人ずついて、非常に所帯としては小さいものです。各代表に付いて仕事をする担当者というのは、開発チームと各専門領域のマネジメントとの両方の下にいて、マトリクスになっており、私には人事権がありません」（松本LPL）
(27)『日経メカニカルD&M』No.568（2002年1月）、107頁。こうした市場調査については、同車の初代「シビック」開発に際して行われており、かなり古い時期からみられる動きのようである（碇義朗［1986］、前掲書、105頁）。また、日産自動車の「X－TRAIL」における製品開発でも、日本、欧州、チリ、パナマ、台湾、タイなどへ行き、実際の顧客の声を集めるということが行われていた（本書第3章を参照）。
(28) 岩倉信弥・長沢伸也・岩谷昌樹［2001］「ホンダのデザイン戦略―シビック、2代目プレリュード、オデッセイを中心に―」『立命館経営学』第40巻第1号、48頁。
(29) 藤本隆宏［1998］「製品開発を支える組織の問題解決能力―自動車製品開発競争に見るシステム創発の重要性―」『ダイヤモンド・ハーバード・ビジネス』1998年1-2月号、75-77頁。
(30) 藤本・クラーク［1991］前掲稿、10頁。
(31)『日経メカニカルD&M』No.568（2002年1月）、109頁、および『日経メカニカルD&M』No.569（20

02年2月)、100頁。

(32)『日経メカニカルD&M』No.569(2002年2月)、103頁、および、『日経メカニカルD&M』No.570(2002年3月)、110-113頁。

(33)『日経メカニカルD&M』No.571(2002年4月)、130-133頁。

(34)『日経メカニカルD&M』No.572(2002年5月)、103-104頁。

付録

第2章

ホンダの製品戦略と企業文化

1　「重量級プロダクト・マネジャー」制度との関連

前章でみた本田技研工業および本田技術研究所における製品開発の流れは以下の通りである。まず、トップ・マネジメントにおける中期計画策定、それをもとにした四輪事業本部における機種計画策定と製品概要決定、両社の共同開発チームにおける企画立案、企画が通れば開発を進め、量産図面を作成し終えたら、本田技研工業の生産部門へ渡すという形になっている（図表付—12）。

しかし、実際には上から下へ一糸乱れず流れていくわけではなく、先行開発されたものを利用したり、各部門との頻繁な調整作業等によって、ＤＦＭＡ（Design for Manufacturing and Assembly）といわれる製造性・組立性を考慮した開発などのフロント・ローディング（Front Loading：問題点の前倒し）、「デザイン・イン」と呼ばれる部品企業との共同作業などが行われている。そのなかで、ＲＡＤはある車種の開発における管理・推進とＳＥＤ各部門の調整役を行い、Ｄ部門のトップであるＬＰＬは、機種計画で提示された大枠に基づきながら、チームの取りまとめを行いつつ、「チームがやりたいこと」を提案し、実際の開発を進めていく（図表付—13）。

提案内容についてのチェックは、研究所内だけではなく、Ｓ（営業）、Ｅ（生産）、Ｄ（開発）各部門のトップを集めた評価会でも行われている。このように、開発チームの自主性を引き出しながら、企業全体の経営戦略に沿ったものになるような仕組みができているといえる。こうしたチェックの過程を通じて、チームのコンセプトが練り上げられたものになり、顧客の視点に立った製品となる。

図表付-12 事業計画と商品計画

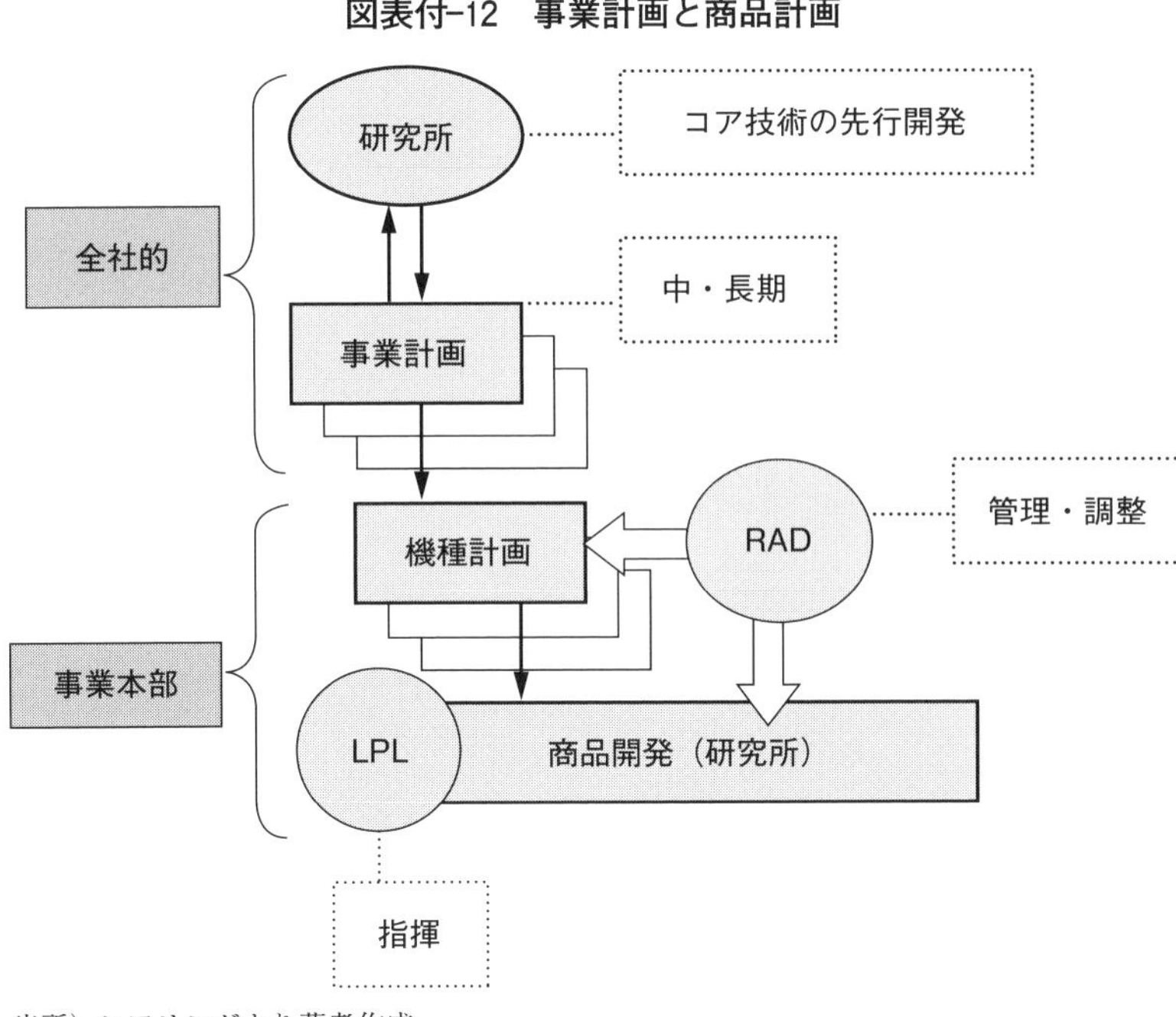

出所）ヒアリングより著者作成

「会社には、評価会や重役テストなどのいろいろチェック機能があるわけです。そのときに、チームの味方になってくれるのは、お客様しかいないわけです。だから提案したときに、『お客様の視点によく立っている』ではなく、『お客様の視点に立たざるを得ない』わけです」（宇井上席研究員）

「製品の首尾一貫性（内的首尾一貫性と外的首尾一貫性）」を得るために中心的な役割を担うのが、「重量級プロダクト・マネジャー」である。同社のRADやLPLを中心とした製品開発の方法は、いわゆる「重量級プロダクト・マネジャー」制度を採っているといえ、これによって「製品の首尾一貫性」を得られるという利点があると考えられる。そして、幅広く大きな権限を持つプロダクト・マ

図表付-13　RAD と LPL の役割

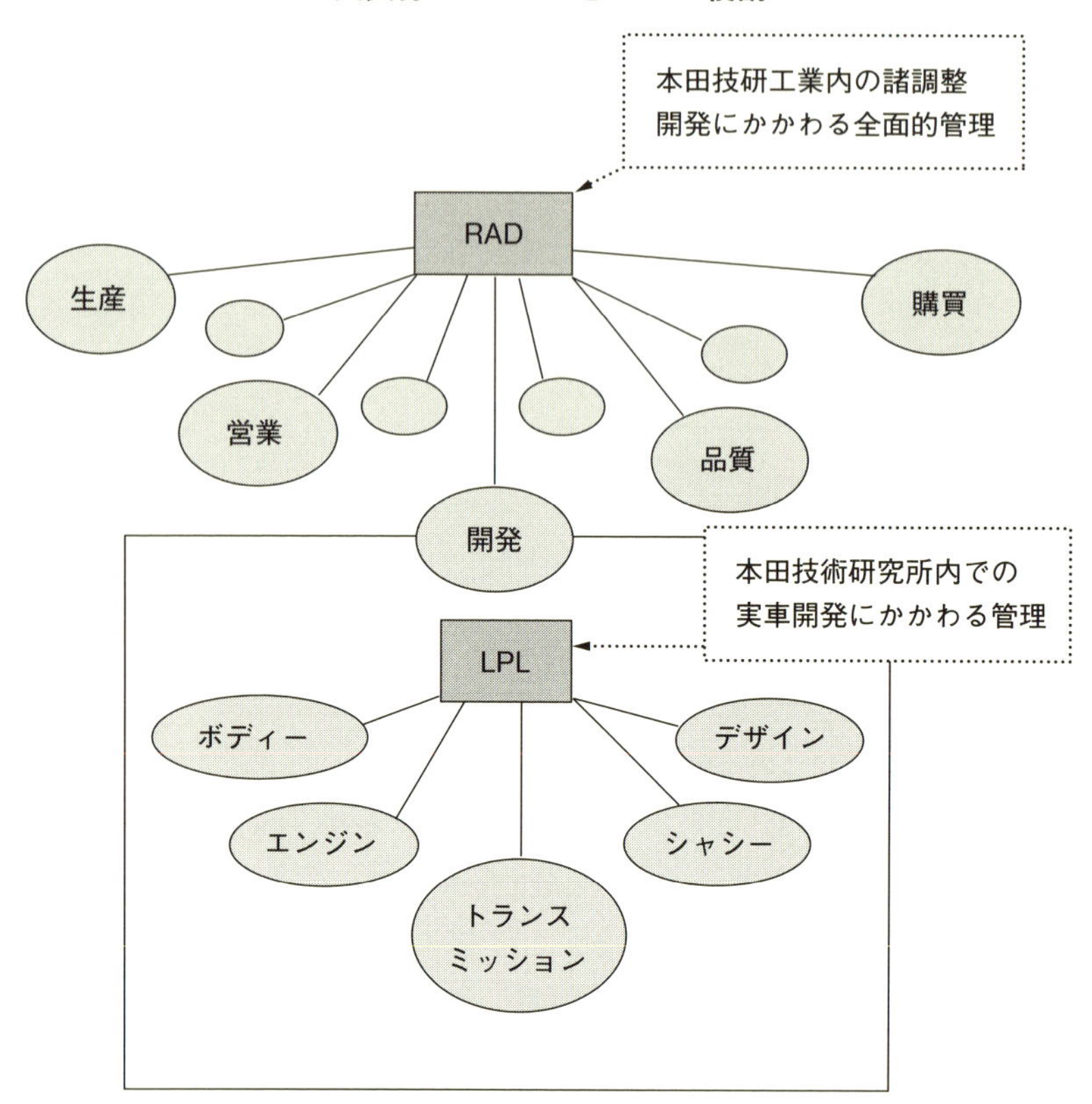

出所）ヒアリングより著者作成

ネジャーの能力に、製品競争力が規定される傾向があるという問題点は、各段階での評価会におけるチェックによって、一定程度解決に結びつくと考えられる。しかし、これは「重量級プロダクト・マネジャー」制度自体が持つ本来的な性質であり、こうした問題点を避けることはやはり難しいように思われる。この点については、以下のような言葉が聞かれた。

「地域本部、事業本部の権限や役割がオーバーラップしていたりなど、それぞれの権限だとか役割みたいなところは、あまりきちっとしていません。そういったものを、個人の考え方で補完しながら仕事をしているわけです。したがって、上手な開発責任者がいるところは非常によく回るし、開発責任者がうまくすき間を押さえないと、なかなか回っていかないということがあって、チームごとに結構レベル差が出てくるという仕事の仕方をしています。効率だけをみると、必ずしもベストではありませんが、ある意味では個々の商品が、いろいろなしがらみに縛られないで、自由にやれるというところが、ポイントではないかと考えています」（黒田取締役）

前著『日産らしさ、ホンダらしさ』第Ⅰ部に述べた通り、かつて、典型的な「重量級プロダクト・マネジャー」制度を採っていた日産自動車においては、ルノー社による大規模な出資に伴い、1999年6月にカルロス・ゴーン上席副社長をCOOとして迎え入れ、2000年1月に製品開発部門の組織改編を行っている。それ以前は、「商品主管」と呼ばれる人物が、製品コンセプトの創出から開発、プロモーションに至るまで、製品開発に関する非常に広い職務と大きな権限を有していた。

しかし、製品開発部門の組織改編によって、製品の競争力に責任を持つチーフ・プロダクト・スペシャリスト（Chief Product Specialist : CPS）、開発設計と原価に責任を持つチーフ・ビークル・エンジニア（Chief Vehicle Engineer : CVE）、販売・マーケティングに責任を持つチーフ・マーケティング・マネジャー（Chief Marketing Manager : CMM）、デザインに責任を持つプロダクト・チーフ・デザイナー（Product Chief Designerr : PCD）、そして、製品を6つのグループに分け、収益確保、予算配分、プロジェクト運営と社内部門および製品グループ間の調整を行うプログラム・ダイレクター（Program Director : PD）が配置されている。前著で述べたように、これらの役職は基本的には横並びであり、常に合議制によって意思決定が行われ、開発が進んでいくことになる。また、各自の担当する職務においては、「コミットメント」と呼ばれる数値目標が設定され、各自の責任が明確にされている。

このように日産自動車では、プロダクト・マネジャーの持つ職務を分散することで、責任の明確化とプロダクト・マネジャーへの依存度を下げることが試みられている。

2 「フィット」の価格設定

以上、「フィット」の開発過程を検証することで、本田技研工業および本田技術研究所における製品開発とその特徴についてみてきた。「フィット」においては、安価な販売価格の設定にもかかわらず、大きな投資をかけた開発が行われている。そのことが、高い性能と利便性がありながら低価格であると顧客に認識され、大ヒットに結びついたのではないかと考えられる。製品自体の開発過程についてはすでにみてきたが、ここで「フィット」の特徴の一つでもあり、製品競争力の大きな要因である価格についてみていくこととする。

すでに述べたように、「フィット」は「ロゴ」の発展的後継機種である。「ロゴ」の発売当時は、自動車市場の低迷という状況の下で、部品共通化の推進などを通じた徹底したコスト削減が、自動車企業各社で行われていた。そのため、「発表会に行くと、『この車の流用率は何％ですか』と必ず聞かれていた」（本間ＲＡＤ）という。「ロゴ」も同様に、開発投資を最小限に抑えることが目指されていた。たとえば、「ロゴ」のエンジンは、「シビック」の流用であり、かつ４バルブであったものを、コストダウンの要請から2バルブへと変え、出力も低下してしまっていた。そのことが、松本LPLをして、「ひたすら低コストを追求しただけで、どこにもホンダらしさがない。あんなクルマ、絶対に認められるか。魂を売った車だ」[35]といわしめていたわけである。

そうして開発された「ロゴ」およびその派生車種については、ビジネスとしては決して成功を収めたとはいえなかった。また、開発部門にとっても、自分たちが作りたい車がなかなか作れないという、非常に厳しい時代であったといえる。

そうした状況を踏まえて、以下のような認識が持たれることとなった。

「部品の流用などによって投資を最小限に抑える、『ロゴ』を作っていた時代がまさにそれで、開発していても非常にしんどいだけの時代だったわけです。その時代を経て、今は優勝劣敗が極めてはっきり問われる時代です。そこでは、積極的なビジネスができるかどうかが問われて、それができるところが、いわゆる『勝ち組』というところに分類されています。そのためには、製品に必要な魅力となる部分には、きちんと投資を行い、開発費や工数をかける必要があります。そして、たとえば『フィット』っていう事業規模を非常に大きくして、たくさんの台数が売れれば、ビジネスが成り立つわけです」（本間RAD）

「『フィット』は、一台当たりの利益率が、確かに他車に比べれば、そんなに多くはありませんが、今の時代は、売れるか売れないかの2つしかなくて、中途半端に売れたり、そこそこ売れるというのがありません。いくら一台当たり利益率が高くても、売れなかったら、ただの鉄の固まりです。『フィット』では、コストを下げるための工夫として、一つの部品に複合機能を持たせるなどしています。

『センタータンク』も一見高いようにみえますけれども、ボディーの骨格や衝突安全性能などを含めて考えますと、非常に合理的にできています。また、部品の調達構造の変革も含めて、部品企業さんから出てきた提案を取り入れてコストを下げるというような取組みをやりました。高そうにみえても、それを高くならないようにする工夫をやっています」（松本ＬＰＬ）

このように現在の本田技研工業では、製品競争力にとって重要な部分についてはきちんと投資を行い、製品の価値を高めつつ、その価値を下げない形で、部品企業を含めた企業グループ全体の協力を仰ぎ、原価低減を行っている。そのため、「フィット」の製品開発においては、新開発のエンジンとトランスミッション、センタータンクなどの採用だけではなく、ほとんどの部品が新規に開発されている[36]。「フィット」の場合は、世界展開することが念頭にあるため、新規開発によるコストアップがあっても、製品競争力を向上させることで販売台数の増加が期待され、そうした費用を賄うことができると考えられている。

ただし、その分失敗したときのリスクが大きいため、こうした手法を取るには、資金的な余裕があることが前提となろう。同社の場合は、「オデッセイ」や「ステップワゴン」、「ＣＲ－Ｖ」などのヒットによって得られた資金的な余裕があったため、こうした手法を取ることができたと考えられる。初代の「オデッセイ」は、「アコード」の車台を利用するなど、「アコード」から約50％の部品を流用し、「アコード」の生産ラインで作ることができるサイズの製品を作り、開発投資を抑えていた。それが当時としては特徴的で、多くの顧客に支持され、かつ利益率が高い製品となったため、大きな利益をもたらす結果となっている[37]。こうした「オデッセイ」における部品流用化による成功事例が、「ロゴ」

において同様の手法を取ることにつながったともいえるのではないだろうか。[38]

元来、自動車という製品は、「クローズド・アーキテクチャ」であるといわれている。すなわち、部品数が多く、しかも部品間の相互依存性が高く、生産過程も複雑であり、さらに機能要件が複合的で消費過程も複雑な製品である。そのため、部品および部品間インターフェースのきめ細やかな最適化が鍵であるといわれる。[39] とりわけ小型車の場合は、小さな車体に多くの機能が盛り込まれるため、部品の流用化等を追求するとそれだけ設計上の制約を与え、結果的に製品競争力を阻害する要因となりかねない。そのことは、開発チームが作ろうとしているものが作れない、製品競争力にかかわるような部品においても、十分な機能を発揮させられないということにつながることも考えられよう。

このような認識に立ち、「フィット」においては、十分な開発投資を行い、製品競争力にとって重要な部分については、贅沢ともいえるような機能を盛り込んでいる。このように、コストをかけて開発した製品を販売するに当たっては、販売価格の設定が重要な課題となる。コストがかかっている分を価格に転嫁すれば、高価格がネックとなって販売台数が伸びない可能性もあり、逆に価格を安くし過ぎると、投資費用が回収できなくなる可能性もある。ここでは、販売台数の予測と投資回収の見込み、また、競合他社の動きなどを考慮する必要があるわけだが、そうした点を踏まえて、「フィット」における価格設定についてみていくこととする。

まずは、全社的な中・長期的事業計画の段階で、製品開発と販売に関する概略が決められる。それをもとに機種計画が策定されるが、この段階ですでにどういったカテゴリーの車種が開発されるのかが決定されているため、自社製品や競合する他社製品の価格設定などから、ある程度価格は決まってくることになる。「フィット」に関しては、開発指示の段階で「Bカテゴリー」であることが決まっていたので、企画の段階でも「Bカテゴリー相場価格」が目標とされていた。「フィット」では、「ロゴ」の経験を踏まえて、製品開発や価格設定が行われていたようである。具体的には、以下のような経緯があったとされる。

「『ロゴ』では、100万円で売っても本田技研が損をしないように、マージン体系も全部決めて、それで成り立つコストというのが目標でしたから、コストダウンを相当やりました。デザインもハードの部分も相当あきらめた部分もあって、それで100万円で出してみましたが、結果としては、あまり評判がよくなくて、思ったような収益を確保できませんでした。その反省もあって、『もうちょっと高い値段でも勝負できる商品にしよう』、『最新の技術を採用しないと駄目だ』、『スタイルも妥協しない』というのを定めました。加えて、特に欧州で出すための車を作ろうとすると、コストが相当厳しくなり、そこで、松本LPLにかなりいろいろと注文を付けたわけです[40]。彼はいろいろやりたいことがあったものだから、コストも高め、高めになるわけです。そこで、スモールといっても少しグレードが上の『マルチワゴン』みたいな形にすれば、120万円台の値段が付けられるから、少しコストの余裕ができて、センタータンクも、新しいエンジンもできます。営業部門もそれでいいというから、それで行こうということになりました。

　そういう経緯もあって、125万円ぐらいでちゃんと儲かる商品で、競争相手を蹴散らせるような魅力を出していこうと始めてみましたが、四輪事業本部長が『125万円では売れない』というわけです。そうこうしているうちに『ヴィッツ』が115万円ぐらいで出て、非常に売れて、ホンダのコンパクトカーは全部蹴散らされてしまいました。それで、『やはり125万円を超えたらなかなか難しい。商品は違っても値段は同じ土俵でいかないと』ということで、急遽価格戦略だけは変更しました。センタータンクを止めるといったことはできないので、ハードウェアは基本的に変更しないで、やりたいことはちゃんとやって、購買方式や製造面でコストダウンをがんばるというふうにしました」（黒田取締役）

このように、当初は「ロゴ」における低コスト・低価格による製品戦略が、期待したほどの成果を上げられなかったことで、必要な開発投資を行い、機能やデザインでの魅力がある製品を作り、それに見合った価格の設定を行うという方法で、「フィット」の開発が行われていた。しかし、そこでトヨタ自動車から、同じく欧州市場をターゲットとした「ヴィッツ」が発売され[41]、「フィット」の価格戦略は変更を余儀なくされた。とはいえ、すでに開発は進んでおり、ハード面での変更は難しい状況であった。このことは、言い換えれば、当初125万円で発売することを目標とした製品が持つ価値はそのままで、価格だけが引き下げられたことを意味する。結果として、価格に対しての価値が高まることとなったわけである。むろん、そのためには、部品企業の協力や販売店のマージンを変更するということも行われている。

「最後のキーは、やはり価格でした。値段というのは最後に、極端にいうと発売の一週間ぐらい前に決めます。もちろん企画の段階でこういう値段で売りたいというものを設定してスタートするわけですが、『キューブ』[42]が出たりなどして、その頃のあのクラスの値段が120数万円ぐらいが売れ筋だったと思いますので、それぐらいの値段で勝てる商品というふうに定めました。そこから逆算して開発コストを決めて、開発をスタートしました。その後も、『ヴィッツ』の登場などもあって、やはりもう一段価格競争力を上げないといけないということで、ハードウェアの骨格がかなり決まった段階で、もう一段コストを下げる作業を始めました。コストというのは途中から下げようとすると難しいわけです。そこで、一つは、販売台数を増やしてコストを下げるため、もう少し計画台数を上げました。それから、開発の人たちだけではなかなか知恵が出ないので、部品メーカーさんにも協力をお願いしました。そして最後に、当初の値段よりだいぶコストを下げることができました。ディーラーへのマージンも少し削ることになり、値段も企画のスタートからみれば、10万円ぐらい下げることができました」（黒田取締役）

コストダウンに関しては、本間RADが「ロゴ」[43]のLPLであったため、コストダウンの手法に長けたメンバーが「フィット」の開発に集まったこと、そして同社には、「SMALL IS SMART」という言葉もあるように、「N360」、「シビック」、「シティ」など、小型車を開発するためのノウハウが蓄積されていることも、「フィット」のコストダウンに寄与しているといえよう。

このようにして、「フィット」は当初予定していた販売価格より10万円も下げた価格で販売し、製品自体の利便性など、使用価値の高さに加えて、価格に対する価値の相対的な高さなどもあり、大ヒットにつながったのではないかと考えられる。

「115万円（発売当時）で最初からやっていたら115万円の車なんです。そこでは、115万円の商品価値しか認めていただけないから、お買い得だと思っていただけないわけです。だから、125万円で勝てるように開発チームが一生懸命考えた車を、最後に少し価格を安くできて、結果的に

115万円で売れたことが最大の成功理由ではないかと思います。そういうと身もふたもないですが（笑）。最初から『115万円でやれ』といってたら、『そんなのできません』で終わっていました。よく商品開発、企画に関する本があるわけですが、突き詰めていけば、いかにお客様の気持ちをよくみて、特徴のあるものを作って、それを割安感のある値段で提供するかということに尽きると思います」（黒田取締役）

「選ばれる理由がきちっとないと問題です。ホンダは企業規模が小さいから、他にも選択肢があるようなところでは、うんと安くはできないとか、不利なことは一杯あるわけです。そうしたら、うんと高くても選んでもらえるようなポテンシャルを商品に持たせておいて、それが安いというときが一番強いので、そういう商品を作らないと駄目だという認識はあります」（松本LPL）

このような大ヒットにつながった大きな要因としての販売価格の変更については、ここでも、「ロゴ」シリーズでの経験が影響しているということであった。

「『ヴィッツ』が115万円で、『フィット』が125万円だったら普通なわけです。お客様にものすごいインパクトになるわけでない。125万円の価値のものが115万円まで下がったところで、価格以上の価値みたいなものが出てきたわけです。そこはやはり思い切ってブレイクスルーしたかったというのもあります。伏線としては、『ロゴ』シリーズを出してきて、『キャパ』（写真付―3）を本当はあと10万円安く出したかったわけです。だけど、コストと収益を考えると、どうやっても139万8000円が限界でした。あのときに、10万円安く出してたら、結果が相当違ってただろうと今でも思ってますが、それができなくて、結果は期待以上には行きませんでした。それで、2年遅れで

写真付−3　ホンダ・キャパ

出所）本田技研工業（株）WWW ページ（http://www.honda.co.jp）

129万8000円で再び出したわけですが、かなり売上げが上がりました。やはり、あの世界で意表をつくには、『もう一声10万円』というのはものすごいというのがわかったわけです」（黒田取締役）

こうした、「ロゴ」シリーズの開発・販売を通じて、コンパクトカー市場における顧客の需要と、それを前提とした適切な価格設定、そしてコンパクトカーにおけるコストダウン手法に関して、企業が「学習」をしており、それを「フィット」において上手に活用することができたことも、大ヒットの要因であるといえよう。

その前提には、プロジェクトで製品コンセプトを共有し、製品開発を行うことで、「製品の首尾一貫性」を実現する「重量級プロダクト・マネジャー」制度と、それに加えて、時系列で製品についてみて、経験を蓄積し学習していくことができる組織が存在していたためであると考えられる。

3　製品戦略と製品開発との関連

以上では、本田技研工業および本田技術研究所における製品開発についてみてきたが、それを規定する同社の製品戦略についてみることで、製品戦略と製品開発の相互関連についても考察することとする。

すでに述べたように、同社は二輪車の製造・開発が出発点であり、自動車（四輪車）については、日本国内では参入が遅い。また企業規模自体も、自動車企業としては相対的に小さい部類に入る。そのため、同業他社との競争においては、製品の差別化を行い、独創的な製品を作ることが必要とされる。「フィット」においては、同じく欧州市場をターゲットとした、トヨタ自動車の「ヴィッツ」が競合車種として挙げられるが、この点については以下のように述べられている。

「ホンダは、競合する商品に対して一対一でぶつけるやり方は基本的には取らないです。それをやっても、体力差などの点から勝ち目はない。『プロダクト・アウト』というような独りよがりな感じではなく、お客様の満たされない潜在ニーズを読んだうえで、別な価値を提案して、『これはお客様のためになる』というものを作り出すという方法です。

『フィット』に競合する車はヨーロッパにいっぱいありまして、フォルクスワーゲンや、プジョーの車などを買って、性能を測ったり、『全バラ』といって、全部分解して重量や作り方を全部吸収するわけです。その中の一つとして、日本の『ヴィッツ』と、ヨーロッパの『ヤリス』と両方をばらして、何が違うのか、どういう技術的進化をしているのかなど、いろいろと検証しました。
しかし、われわれ開発メンバーは、『ヴィッツ』そのものを追っかけて作るという感じは一切ありませんでした。当然、スタートのときにはまだ『ヴィッツ』が出ていませんでしたし、『ヴィッツ』が出る前には、パッケージを含めてだいたいの諸元もすぐに決まっていました。『ヴィッツ』は、僕の目には、燃費がよくて、小さくてきびきび走るという、旧来の概念の車に見えたんです。われわれが作ろうとしたのは、そういったものはすべて過去のものになるような新しい価値を持った、パッケージとか、ユーティリティーとか、そういったものを加えて、ホンダにしかできないことを作り出そうとしていたわけです」（松本LPL）
「商品開発では、『他社からこういう車が出たから、わが社もこういうのを出そう』というやり方も確かにあります。だけど今回の『フィット』と、それにつながる一連のコンパクトカー・シリーズ全体でもそうなんですけども、現在、世界的に自動車のコンパクト化に向かっており、環境などのメガトレンドの動きのなかで、新しい潮流をキャッチアップしようとしてやっている事業なんです。だから長い時間をかけていますし、そういうコア技術を仕込んだりなど、用意周到にやっているわけです。たまたまトヨタさんも他社さんもそう向いている、みんなが同じ方を向いていますから、似たようなものが前後して出るわけです。しかし、われわれは骨太にずっとやっていたから、『ヴィッツ』に対して何か対抗しないといけないという意識はありませんでした。ハードウェアを作るのに、普遍的に良いものをきちんと見極めながら作っていくという感じです」（本間RAD）
「トヨタさんの場合は、利益率の高い250万円以上の自動車のシェアが、おそらく70％近くあって、ホンダとはまったく収益構造が違います。日本でいうと、収益面ではトヨタさんの一人勝ちです。そういう意味では、まだまだ同じ土俵で戦えるほどのものはありません。全部のセグメントで戦うのは無理ですから、特定のセグメントを選んで、チョコチョコとやろうとしているんです。が、そこにまたバーッとかぶせて来られるもんだから、なかなか難しく、物量でいうとどうしても負けてしまいますから、そういう戦いにならないようにしています。あくまでホンダはホンダで、やはり常に庶民のほうを向いてやっていこうと思っています。あまり儲かりませんが、そこではちゃんと存在感を出していきます」（黒田取締役）

同社の社是は創始者である本田宗一郎が作ったもので、「わが社は世界的視野に立ち、顧客の要望に応えて、性能の優れた、廉価な製品を生産する」というものがある。ここにも、同社の製品戦略のあり方が記されている。すなわち、「社是の冒頭にある『世界的視野』とは、よその模倣をしないこと、ウソやごまかしのない気宇の壮大さを意味する」[44]というものであり、「今も基本的にはこのスタンスで事業を進めており、このようにやってきたことが、結果として現在のホンダにつながってきた」（黒田取締役）とされている。

こうした経営理念を具体化した製品として、「フィット」が存在していると考えられる。そのために、「ヴィッツ」のような競合車種を単純に模倣するような製品開発は行われていないとされる。この点について、本田技研工業および本田技術研究所の初代社長である本田宗一郎の後を継いで、両社の2代目社長となった河島喜好・元社長は、以下のように述べている。

「とにかくマネはダメ。だからトヨタが1番で2番目になんとかホンダが来たなんて喜んでいる社員は会社をつぶす。ナンバーツー意識の会社はナンバーワンのマネばかりする。それではナンバーワンに倒されるだけ。トヨタの小型乗用車『ヴィッツ』がヒットしているからといって、似たような車を作ってもお客様はそっぽを向くでしょう。常に発想の転換が必要」[45]

こうした製品戦略が、開発チームに比較的大きな裁量を持たせ、「チームがやりたいこと」を尊重した、提案型の製品開発に結びついたといえよう。また、製品開発部門も別会社とするなど、独創的な製品開発を期待される仕組みが作られているといえるが、このことは逆に、全社的な戦略との整合性、「外的首尾一貫性」との一致（顧客ニーズとの関連）、開発コストといった点で問題がみられることもあった。そのために、評価会によるチェックに加えて、四輪事業本部の設置と製品開発の主導権移行が行われているわけである。こうした点について、以下のような言葉が聞かれた。

「90年代までは確かに、かなり曖昧だったり、まったくきちっとした枠組みのないまま、たとえば、技術的にこういうものが面白そうだから、じゃあ商品化してしまえ、工場も作ろうということがありました。たとえば、開発の最中に、プラットフォームやサスペンションを変えてみたり、新工場を造らないとできないということなら新工場を造る判断をしたりという時代もあったんです。しかしそれは、今の本田技研では許されません。ただし、そういうホンダの良さを活かしながら、企業としての秩序や計画をきちっと成立させる、これらをどのように共存させていくのか、それに対するさまざまな取組みをしながら、現在に至っているわけです。

実際に皆は、『俺は自由にやっているぞ』と思っていると思います。そういうふうに思いながら仕事ができないと本田技研ではありません。しかし、それは野放しの自由ではなくて、各組織体や、機種計画、技術に対しても、やはり方向づけが大きなところでなされています。かといって、チームが自主的にやろうとしたときに、がんじがらめで、あらかじめ全て決まっていることをなぞるだけでもなくて、そこをうまくやっていけているのが、今の本田技研工業だと思います」（本間RAD）

同社の自動車市場への参入が遅かった点と、企業規模の格差といった点が、差別化のための独創的な製品開発へと結びついているが、企業全体の戦略、開発コスト、顧客満足などの諸問題との整合性を取るために、現在のような製品開発の仕組みができていると考えられよう。また、以下のような言葉も聞かれた。

「吉野社長（当時）は、今日の本田技研を『生き生き自主自立』といっています。また、欧米のトップダウン的な意思決定による経営管理システムに対して、日本はそうじゃないぞということで、トップダウンでもない。要は、社長から一般社員までフラットなところで生き生きと、何かうごめいているなかでものができていく、新しい価値が作られていくということをいおうとしています。社長なり会社は、おいしい食べ物を盛りつける皿をきちんと用意して、『おいしい食べ物を作ろうね、作ってね』という期待をきちんと表明します。そうすると、どこからともなく自然においしい『松本スパゲティ』が出てくる。コンカレントな『共創』作業のなかで、ぎゅっと良いものができてくるという仕組みができ上がっているんです。トップダウンでもなく、単なるお任せで『適当にやって』というボトムアップでもない、フラットで生き生きしているホンダらしさができているのではないかと思います」（本間RAD）

「できるだけ実際の現場にいる、開発の人たちの気持ちを尊重するというスタンスです。ある意味では、誰でも何でもいえるというような仕組みにしています」（黒田取締役）

このように、各々の社員が「生き生き」と、「自主自立」的に仕事を進めることで、独創的な製品ができる。そうした方向に向くように、チームをマネジメントすることが重要であるといえよう。また、各々の社員が「俺は自由にやっているぞ」というふうに、自分のやりたい仕事を「自主自立」的に進めているとされるが、それを実現する主体は、あくまでも「チーム」という組織であるという考え方が浸透しているとされる。

「結局みんな、自分が社長のつもりでいるんです。自分の夢を実現するために組織があるという解釈で、させられているというんじゃなくて、主体的に働きかけて、『役員は使うもんだ』といった感覚でいます。やはり自分が大事で、そのために会社があって、その夢を一緒に共有できる仲間がいて、組織に埋没することもなく、組織を使って実現する。だから、他人の部署にも入り込んで、営業や購買の話をして、『それは高いじゃないか』とか、そういうことも平気でするようなことができると思います」（松本LPL）

「基本は個が生き生きしてないといけないんだけども、個が出過ぎて、『俺が俺が』とか、『俺がやればみんなうまくいくんだ』とか、『デザインは全部俺がやった』といったふうになりすぎると、うまくいかないんです」（本間RAD）

同社の製品開発を表した言葉に、「ワン・フォー・オール、オール・フォー・ワン（One for All, All for One：一人はみんなのために、みんなは一人のために）[46]」というものがある。これは、ラグビーで用いられる言葉であり、自動車の製品開発はラグビーのチームに例えられることもある。自動車は、2万から3万点近くの部品からできており、技術範囲も非常に幅広い工業製品である。そのために、自動車の製品開発には、各分野の専門に長けた、非常に多くの人間がかかわることになる。こうした状況で、効率的な製品開発を行うには、ある製品を開発するためのプロジェクトを組み、プロダクト・マネジャーがプロジェクト・リーダーとなって開発を進めていくことが求められる。

そこでは、個々人が自分の能力を発揮しながら、全体の統率を図りつつ、開発を進めていくことが必要であろう。同社におけるプロダクト・マネジャーは、同社の製品戦略に沿った独創的な製品を開発するため、個々人の能力を発揮させ、各メンバーの「やりたいこと」を実現させながら、全体の統率を図り、製品全体としても、各メンバーの「やりたいこと」の総意を具体化したものとして、製品を完成させる必要があるわけである。これについて本間RADは次のように述べている。

「よく外部からは、あの自動車は誰々の作品だ、誰々のデザインだと、わかりやすく規定されがちなところがあります。芸術作品というのは極めて個人的な行為として評価されるわけですが、企業におけるこういう商品というのは、個人としての資質が大きくかかわるわけですが、それが芸術作品のように私的な作品というわけではありません。スーパーマンはいませんから、個人には必ず限界があります。その個人の行為にすると、その行為自身がどんどん狭まってしまいます。だからホンダというのは、いろいろな資質を持った人間が個人として活躍するんだけども、それが全体として絡んで大きな行為になるといったことを良しとする会社なんです。スパゲティのようなもので、一本のスパゲティがどうのこうのじゃなくて、束になってスパイラル・アップしているものがスパゲティなんです。

これは誰々による一連の作品ですといった瞬間、たぶん閉口してしまいます」（本間ＲＡＤ）

自動車という工業製品の特性と、それにかかわった製品開発の組織的な特性上、個人の「やりたいこと」は、チームという組織形態を通じてしか実現し得ない。そのことを各メンバーが認識し、さらに個人では実現し得ないことも、チームという組織形態を通じれば実現し得るということについて、各メンバーが積極的・肯定的に認識しているように思われる。

付け加えていえば、個人の「やりたいこと」が、企業全体あるいはチーム全体の方向性によって抑制されるだけではなく、開発チーム全体の能力の結果によって、ある課題が達成されることがあるわけである。同社においては、自分の所属する部門以外のところにも積極的に関与し、議論を行いながら、お互いの持つ知識や能力を融合させ、製品を完成させていくという手法がみられる。そうした手法が、自動車の製品開発に適合的であり、製品競争力の向上に寄与していると考えられる。

「ホンダに関して、特に『フィット』では、お互いに他人の領域に土足で踏み込み、かき回していく。それは結局、『お客様の目』から見られるわけです。たとえば、研究所で一生懸命作って、『これはいい』と思ったのに、営業の人は『どうしてこんな装備がここに付いているのか、変じゃないか』といったことを平気でいい合って、チーム内で切磋琢磨するわけです。これはホンダのやり方である『共創』という言葉に通じることだと思います。お互いに相手のところに踏み込んで、揉み合って、全体を創り上げていくというようなことをやります。私も今回の売価についても『それは高すぎる』などと、営業ともさんざん議論しました」（松本ＬＰＬ）

「私は以前、初代『シティ』のボディー設計のＰＬ（Project Leader）をしていましたが、同時にプランナーみたいなものをこなしていたし、宣伝広告みたいなものも、本当はやらなくてもいいことだけど口出しをして、一緒になって『ああでもない、こうでもない』とやっていました。今でもそうです。この間も、コマーシャルのときにその場に行って、本部長と一緒に『いやー、これは…』とやっていました」（本間RAD）

4 「ホンダらしさ」

このような製品戦略に基づく製品開発体制を持つ本田技研工業および本田技術研究所について、それを生み出す前提となる企業文化や体質といったものについてもみていくこととする。ここではいわゆる「ホンダらしさ」について質問をしたところ、以下のような言葉が聞かれた。

「私は、『ホンダらしさはこうだ』と決めないのが、『ホンダらしさ』ではないかと思います。いわゆる『破壊と創造』といいますか、常に自分自身も壊していく、新しくなっていく。活力あふれた、常に混沌としたこういう組織のようなものです」（松本LPL）

「『世の中を喜ばせてやれ』といった感じが強い会社です。F1やロボットなど、儲かりもしないことをいっぱいやったりしていますから。世の中を喜ばせようというのは、やはり観客なり相手がいて、その人たちと強くコミュニケーションしようとする行為ですよね。僕はそういう資質の会社だともともと思っているし、全体にそれは貫かれていると思っています」（本間RAD）

「『ホンダらしさ』というのは、具体的に『スポーティ』だといったこととは、少し違います。『ホンダらしさ』として、僕は『不常識』というのを使っています。たとえば、目の前にお花畑があって、100人のスタッフを連れている。100人がいっぺんに歩くと、花の生えてないゾーンができてしまいます。それは花に対して『非常識』だと思いますから、ダメージを一番少なくするために、リーダーが歩いた足跡を踏んで渡ろうと思うのが、常識的な対応だと思います。私がいっている『不常識』というのは、100人が同じところを踏まないで、例えば、横一列で渡ると、花にダメージがなく渡ることができる。『不常識』というのは、その時は常識的ではないかもしれないけど、その次のステップでは常識になるような考え方です。

私は、自転車やカメラを趣味にしていますが、今まではそういう趣味を持っていると、ステーションワゴンを選ぶしかなかったんです。そうすると、狭いところ行くにはコンパクトな車、どこか旅行に行くときにはステーションワゴンでというふうに、2台必要だったのですが、『フィット』では、ステーションワゴンでしかできなかったこともできて、コンパクトに作っている。それもやはり『不常識』の一つだと思います。作ってしまえば『コロンブスの卵』で、これからの常識になれるような、そういう車を提案して、次のスタンダードを作っていくのが、『ホンダらしい』のかなと思います。

手法にこだわってない感じがします」（宇井上席研究員）

「やはり『予想できないことをやってしまう』というところだと思います。たとえば、センタータンクにしても、専門家はすぐネガティブな面を考えてなかなか採用に踏み切れない。エンジンも、新作で今さら2バルブのエンジンなんかどこも作らない。そういうなかで、それを逆手にとって違いにしてしまうようなところがホンダだと思います」（黒田取締役）

ここでのキーワードとして、「『ホンダらしさはこうだ』と決めない」、「破壊と創造」、「不常識」、「予想もできないことをやってしまう」といった言葉が挙げられる。こうした「ホンダらしさ」に対する認識は、同社の製品戦略や製品開発などにも垣間見ることができよう。またそのことは、同社には何が必要なのかといったことがきちんと認識され、各メンバーの「やりたいこと」を企業が受容する基盤ができていることも、同社の製品競争力の一因であるといえるのではないだろうか。

逆にいえば、歴史的経緯や同社をめぐる状況から、必然的に競争上採らざるを得なかった製品戦略が、構成メンバーに対して、このような認識を持たせることになったと考えられる。そして、構成メンバーが持つ創造的な側面を引き出し、評価する仕組みが、製品開発に組み込まれているといえよう。また、同社が明確なビジョンを持って独創的な製品の開発を行うことで、それに共感する人間を引き込み、ホンダという企業を構築していることも無視できないであろう。

「結局、『変な人間』ばっかりでしょう？　こういう『変な人間』ばっかりが、ホンダに入ってきているのかもしれない。楽しませる会社が好きだとか、それは『変な人間』同士が妙にわかり合えるというのがあるのかも知れません」（松本ＬＰＬ）

「僕の場合は、この会社の資質みたいなものに共感して入ってきたわけです」（本間ＲＡＤ）

「ホンダらしさ」が追求されればされるほど、そこから発信された製品なども、それを具体化したものとなって社会に認知され、そのことが企業アイデンティティの確立につながり、それに賛同した人間を引きつけ、同社の企業文化や体質を形成していくといえるのではないだろうか。このような、「企業文化・体質の再生産」ともいえる仕組みも、同社の製品戦略や製品開発体制の特質を規定する要因になっているといえよう。さらに、以下のような言葉も聞かれた。

「『ホンダらしさ』というのは外部からの見方であって、内部にいては日常、仕事やっていること自身が全て、『ホンダらしさ』の行動要求の中でやっているわけですから、ある意味で無意味なことだと思います。このようにインタビューに答えていることだってそうです。日々一生懸命やっていることが、結果的に『ホンダらしさ』なんです。空気みたいなものです」（本間ＲＡＤ）

このような「ホンダらしさ」の追求が、同社の企業アイデンティティの確立につながることになり、それが製品として具体化することになる。「フィット」に関しては、ヒアリングを行った全員から、「ホンダらしい車」であるという言葉が聞かれた。また、「ホンダらしさ」と「フィット」とのかかわりについては、以下のような言葉も聞かれている。

「『ホンダにしかできないこと』というところに初めからこだわって、その結果『フィット』が生まれて、それが従来のＢカテゴリーと違った、新しい価値をスモールカーの中で作ったものだと思っています」（宇井上席研究員）

「本田技研工業の社是は、『わが社は世界的視野に立ち、顧客の要請に応えて、性能の優れた、廉価な製品を生産する』というもので、その基本が『ＭＭ思想』と呼んでいるものです。ホンダの企業理念に『人間尊重』という言葉があり、働いている人の一人ひとりを大事にする。そして、お客様一人ひとりを大事にするという考え方です。機械は人に奉仕するものですから、なるべく小さくして、人の使うところを最大に考えます。夢、豊かさ、利便性、快適性といったものを大事にして、ハードウエアは合理性、効率、省エネといったものを徹底して進める考え方です。その集大成として、最大限

持てる技術を最大限にこういう方向に結集したのが、『フィット』だということがいえると思います」（黒田取締役）

このように、自社の独自性と得意な部分をきちんと認識し徹底することが、製品の差別化につながり、それが市場の需要と一致すること、それが製品競争力の要因となりうるわけである。世界的な小型車需要拡大という状況で、同社の得意分野と市場の需要とが一致し、さらに「MM思想」などの独自性が、競合製品にはない利便性や価格面での優位性といった側面と合わさることで、大ヒットにつながったといえよう。

しかし、「MM思想」の追求は簡単なことではない。先述のように、自動車は「クローズド・アーキテクチャ」であり、部品間の相互依存性が高いことから、こうした思想を追求するには、部品の新規開発が必要になることも多い。こうしたことは、そのままコストアップの要因につながりやすいわけであるが、こうしたリスクを負っても、自社の独自性を追求しようとする姿勢も、前述の「ホンダらしさ」につながるといえよう。もちろん、戦略上そうせざるを得ないという面があることはいうまでもない。

「たとえば、エンジンを新規に開発するには、大変なお金も時間もかかるため、なるべく長く使いたいわけです。20年ぐらいずっと同じエンジンを使っているメーカーさんもあるんですが、こういったことをやると、どうしてもハードウェアを主体に車を考えていくことになり、なかなか思い通りにできなくて、ある程度デザインも、メカニズムも、使い勝手も妥協していくという『妥協工学』になってしまいます。ホンダでは、『始めに人ありき』という車づくりということで、それに合わせて、エンジンをはじめ、ほとんどの部品を新規に作るという『妥協なき車づくり』をしてきました。たとえば、『ボンネットの低い車を作りたい』というと、それに合わせた低いエンジンを作ってしまいます。その結果、事業としてみると採算の悪い面などがいっぱいありましたが、そういうことを徹底してやるのがホンダであるということで、ずっとやってきたわけです。当然お金もかかりますし、開発の人たちも大変でしたが、結果としては違うものができたのではないかと思います」（黒田取締役）

こうした「MM思想」は、「初代シビック」から始まったとされる。そこでは、当時珍しいFF（Front Engine Front Drive：前置きエンジン前輪駆動）レイアウトや、新型のCVCC（Compound Vortex Controlled Combustion：複合渦流調速燃焼）エンジンが採用されるなど、多くの新技術が投入された。また、「2代目プレリュード」においても、ボンネット（自動車前部のエンジンなどを格納している部分）の高さを100㎜下げるために、低いエンジンを作り、後ろに傾けて取り付けた。また室内の広さも確保するため、超小型のエアコンや、当時は珍しかった「ダブルウィッシュボーン・サスペンション」を採用した。さらに、ヘッドランプの高さも確保するため、「リトラクタブル・ライト」といわれるポップアップ式のヘッドライトを採用している。[47] この2車種とも大ヒットにつながっているが、多くの新技術を導入し、「妥協なき車づくり」を進めたことも、また大きな要因であろう。

また、黒田取締役から以下のようなエピソードも聞かれた。

「ホンダはあんまり系統立った教育はないんです。いきなり入ったら翌日鉛筆とかくれて、それで『ちょっとこれ写してみて』と3日間ぐらいっていわれて、そのうち好き勝手に自分で図面を描いて、自分で試作です。僕は入社して1年目ぐらいで、直列6気筒の何かすごい車の開発に参加したんです。

それが、いきなりインパネ（インストゥルメント・パネル）の図面を描くことになって、まだ右も左もわからないのに描けといわれても、描き方なんてわからない。難しい図面で、3次元で曲面になっていて、それが歪んでいるようなものを平面図で描くわけですが、とにかくそれを描いて出したら、金型ができたというわけです。それも数百万円する金型ですが、自分ではスムーズに書いたつもりなのに、それがガタガタなんですよ。本当は『線図』で作るのですが、僕は入ったばかりで何も教育されてないから、『線図』なんてものは知らないわけです。誰もそういうのをチェックしないで、そのまんま数百万円の金型がポンとできてくるわけです。たまたま開発中止になって、全部お釈迦になったからよかったのですが、そのまま進んでいたら大変なことでした。とにかく野放しで好き勝手やらして、中から芽の出るやつがどんどん出てきて、それで結果的にそういう人たちが残ってきたという感じです」

「管理職に対する教育も、一日だけ何か話を聞いて終わりです。人を管理している意識がない。管理されるのも嫌だし、管理するのも嫌というところがあります。人事だとか総務とか評価システムとか、ツールはいっぱいあるんですが、少なくとも研究所でいうと、それらを真面目に活用しているという感じがしません。たとえば、昇格させるのも申請書とか書けといわれますが、出してもどうせまともに見ないのですから。フォーマットもどうでもいいって感じです」

「本田技術研究所には、昔は所属などもなくて、名刺には『本田技術研究所』って名前と、会社の代表番号しかありませんでした。もらった人が連絡するのに、どこへ連絡していいかわからない（笑）。もともと、設計室とかも全部一つだったんですよ。常に霞の彼方まで見渡せる。だから結構行ったり来たりがありました。僕が入った頃は、皆がタバコを吸ってたから、夕方になったら煙で向こうのほうが全然見えない。煙のかなたに人がいっぱいいるって感じだったんです」

これらの話からすれば、企業を運営していくことが難しいのではないかとさえ思えるような状況である。しかし、このような状況のなかで、「やりたいこと」を自由にやらせてくれる、一緒に成し遂げる仲間がいて、お互いが垣根なく議論を行う、そしてその成果を認めてくれるといった企業文化や体質が醸成されていき、現在の独創的な製品開発につながっているといえよう。もちろん、すでにみてきたように、ここに企業の枠組みからのマネジメントが行われることで、企業経営が成立していることはいうまでもない。

さらに、黒田取締役からは以下のような言葉も聞かれた。

「ホンダって会社は、とにかく人と一緒にやってもうまくやれないんです。だから、たとえば吸収されたら、たぶんなくなってしまうでしょう。人に使われてやっていくことを、おそらく皆が許したり我慢できないし、どこかを吸収して、それを使って何かをやることもできない。結局何から何まで自分たちでやらないと駄目な会社なんです。とにかく自分たちでできること、できる範疇のものしか目が行かないみたいという体質なんです」

こうした点も、同社の持つ文化や体質を示しており、非常に興味深い。

5 まとめ

前章および本章で、本田技研工業および本田技術研究所における製品開発と、それと関連した製品戦略と企業文化・体質について、「フィット」を例にとってみてきたが、明らかになったのは以下の点である。

第1に、同社においては、製品開発を行う部門が別会社(株式会社本田技術研究所)になっている点が特徴的である。これは、良い製品づくりのためには、製品開発部門が経営的諸事情による制約を受けず、自由闊達な製品開発を行う必要がある、という考え方から来ているものである。しかし、全社的戦略とのかかわりや、顧客のニーズとの乖離を避けるといって点から、製品開発の主導権は、本田技研工業の四輪事業本部に移行されている。製品開発の節目節目においても評価会が行われ、S(営業)、E(生産)、D(開発)各方面からのチェックが行われている。そして、四輪事業本部からの開発指示は非常に概略的なものでしかなく、詳細については開発チームが自主的に提案を行い、開発メンバーの「やりたいこと」がある程度尊重される仕組みになっている。

第2に、同社は自動車企業としては後発であり、かつ規模も比較的小さいことから、競争に勝つためには、他社との併列競合をなるべく避け、独創的な製品づくりによる差別化を図る必要があった。そのためには、過度な部品流用化によって商品性を損なうことを避け、多くの部品を新規に開発することが必要とされたわけである。そうした製品戦略を採るためには、製品開発においても、開発担当者の「やりたいこと」を尊重し、その独創的なアイデアを取り込むことができるような仕組みづくりが必要となった。そのために、開発部門は経営的な「しがらみ」から一定程度離れた組織にするなどして、提案型の製品開発が可能な環境に至ったと考えられる。加えて、権限や役割に柔軟性を持たせたフラットな組織となっており、「『グレーゾーン』をうまく活かして、自分の思っているところに引っ張り込む」（宇井上席研究員）ことができるため、自由に「やりたいこと」ができるとされている。しかし、製品開発における「重量級プロダクト・マネジャー」制度の採用によって、「製品の首尾一貫性」が得られると同時に、プロダクト・マネジャーの能力によって、製品競争力にバラツキが出るという問題もみられる。

第3に、同社では、社是の中に「世界的視野」という言葉があるように、他社の模倣をせず常に新たな提案をすることが目指されており、それに沿った形での製品戦略が採られている。こうした姿勢を明確に打ち出した企業経営を行うことで、これに賛同する社員を引き付け、同社の企業文化・体質を形成しているといえよう。そこでは、「生き生き自主自立」という言葉に象徴されるように、社員が自分の「やりたいこと」を実現し、それを尊重する風土があることが、同社の製品戦略や製品開発の基礎となっていると考えられる。

同社の製品開発は、歴史的経緯や企業規模の制約によって、必然的に採らざるを得なかった製品戦略の下で、これらが具体化された製品を作るのに適合的なシステムとなっており、そうした点が同社の企業文化や体質を形成しているとも考えられる。加えて、同社の製品開発組織は、いわゆる「重量級プロダクト・マネジャー」制度といえるものであるが、過去には顧客のニーズとの乖離がみられるといった点で問題があった。そのため、四輪事業本部を設置し、製品開発の統括者としてRADを置くことで、全社的戦略に沿った形で製品開発を行い、S（営業）、E（生産）、D（開発）各方面からのチェックを通じて、「首尾一貫性」を製品に持たせることが意図されている。

先述の本間RADの「消極的なビジネスでは負けになる」、または松本LPLの「今の時代は、売れるか売れないかの2つしかなくて、中途半端に売れたり、そこそこ売れるというのがありません」という言葉にあるように、自動車は本来開発投資額が大きく、開発期間も非常に長い製品である。「フィット」のように利益率が低くてもコストをかけて開発を行うと、「売れなかった」場合のリスクが非常に大きくなり、場合によっては、企業経営にとって致命的となることも考えられる。もっともこの点については、何もホンダに限ったことではなく、自動車企業すべてに内在している。たとえトヨタのようにホンダや日産を上回る規模で生産し、利益をあげていても、基幹車種の「クラウン」や「カローラ」のモデルチェンジに失敗したり、戦略車種の「プリウス」の開発に失敗していれば、屋台骨を揺るがしかねないであろう。ホンダでは、かつてヒット車が出て好調な時期と不振な時期の振幅が大きく、10年ごとに「ホンダ危機説」が囁かれたこともあった。しかし、現在同社では、「フィット」以降に発売した車種の販売も非常に好調であり、こうした問題が顕在化しないようにマネジメントしていると考えられる。同社の今後の展開を追っていくことで、これらについてさらに考察を深めることができよう。

なお、日産自動車では、2000年1月以降に、従来「重量級プロダクト・マネジャー」制度を導入していた製品開発体制を合議制とし、権限や役割の集中を一定程度分散することで、こうした問題を解決しようとしている（前著第Ⅰ部参照）。さらに、他社の動きについても比較検討することで、自動車企業の製品開発を巡る問題についての深い認識が得られることとなろう。これらについては、今後の課題としたい。

（注）

（35）『日経メカニカルD&M』No.568（2002年1月）、106頁。

（36）同じく欧州市場をターゲットとした、トヨタ自動車の「ヴィッツ」（ヨーロッパ名「ヤリス」）でも、エンジン、トランスミッション、サスペンションをはじめ、ほとんど全ての部品を新設計している（一橋保彦［2000］「商品企画と商品コンセプトの創造―新設計のミニマムサイズの新型車（ヴィッツ）開発を通して―」『Business Research』通巻912号、43頁）。

（37）「オデッセイ」の開発については、『日経ビジネス』1995年1月30日号、24-28頁、および、岩倉信弥・長沢伸也・岩谷昌樹［2001］「ホンダのデザイン戦略―シビック、2代目プレリュード、オデッセイを中心に―」、『立命館経営学』第40巻第1号、48頁を参照。

（38）それでも、「ロゴ」の部品流用率は、20％以下に抑えられている（『日経産業新聞』1996年11月14日号）。

（39）藤本隆宏［1998］「製品開発を支える組織の問題解決能力―自動車製品開発競争に見るシステム創発の重要性―」『ダイヤモンド・ハーバード・ビジネス』、ダイヤモンド社、1998年12-1月号、77-79頁。

（40）「フィット」の企画が始まった当初、黒田取締役は同車種のRADであった。

（41）「ヴィッツ」の商品企画とコンセプトについては、一橋保彦［2000］前掲稿を参照。

（42）「キューブ」は日産自動車が発売した小型車。同車種の開発については、出川洋［2001］「自動車―『キューブ』はどのようにして生まれたか―」早稲田大学商学部編『ヒット商品のマーケティング』同文舘出版を参照。

（43）『日経メカニカルD&M』No.572（2002年5月）、104頁。

（44）本田宗一郎［2001］『本田宗一郎　夢を力に―私の履歴書―』日本経済新聞社、256頁。

(45) 日本経済新聞社［2001］『俺たちはこうしてクルマをつくってきた―証言・自動車の世紀―』日本経済新聞社、100頁。
(46) 本田技研工業株式会社［2002］『夢のバトン―自動車産業の人・仕事・取り組みなるほどBOOK―』本田技研工業株式会社、18頁。
(47) これらの点については、岩倉信弥・長沢伸也・岩谷昌樹［2001］前掲稿を参照。

おわりに

◇本書で明らかにしたこと

本書では、主にホンダの自動車部門における製品開発に関わる部分について、製品開発の組織体制とプロセス、そしてそこで行われている「ワイガヤ」に焦点を当てることにより、ホンダにおける製品競争力の源泉と組織文化の継承をマネジメントという視点から検証してきた。

ホンダは自動車メーカーとしては後発であり、規模の面でも最大手のトヨタと比べれば小さい企業である。また、同業他社との資本関係を持っておらず、技術提携などもほとんど行っていない、独立志向の強い企業でもある。そうした企業が、厳しいグローバル競争のなかで生き残るためには、製品競争力や企業価値を高めていくことが重要であることは言うまでもない。

そうしたなかでホンダは、他社が真似できないような特徴ある製品を開発し、市場に高い評価を受けてきている。その源泉として、同社の製品のなかに創業者から継承してきた「ホンダらしさ」、あるいは、その経営活動に見いだされる「ホンダらしさ」を挙げる向きは多い。本書では、そうした「ホンダらしさ」を創業者亡きあとも、どのようにして残し、伝え、活かしているのかを明らかにすることを試みた。特に、その「仕掛け」ないしは「仕組み」の一つとして挙げた「ワイガヤ」は実際にどのようなものなのか、会合についての単なる名称や場の雰囲気・様子だけではない、組織文化としての本質を、関係者へのヒアリングを通じて明らかにしてきたつもりである。他社が単に形式を真似て「ワイガヤ」合宿を開催しても、ホンダのそれとは似ても似つかぬものになるに違いないし、その効果や成果は限定的なものにとどまるであろう。

そのなかで明らかになったのは、「ホンダらしさ」の中核として、ホンダにおいては、自分自身がやりたいことをやることを強く求められており、組織体制や開発プロセスにおいて、開発メンバーが自分たちのやりたいことが実現できるようになっている、ということである。しかし、やりたいことができる組織やプロセスであるということだけで、必ずしも開発メンバーが自主性を発揮して特長ある製品を生み出すことにはつながらない。開発メンバーをそのように「仕向ける」ことが必要であり、そのためのトレーニングも必要になると考えられる。そのため、各自がやりたいことをできるようになるためのトレーニングの場、換言すれば「仕掛け」ないしは「仕組み」としての「ワイガヤ」があり、さらにそれを確認し、開発メンバーの本当にやりたいことを引き出すための「評価会」が存在していると考えられる。

また、各自がやりたいことができるということは、十人十色、百家争鳴、船頭多くして船が山を登ることになりかねない。この混乱ないしは混沌を意思統一というよりもベクトル合わせをするための「仕掛け」ないしは「仕組み」としての「ワイガヤ」があり、さらにベクトルが合わさっているか、またどの方向を向いているのかを確認し、フィードバックするために「評価会」が存在し機能していると考えられる。

こうしたマネジメントによって「ホンダらしさ」を残し、伝え、革新的な製品の開発などに活かされていると考えられる。

◇ものづくり企業が本書から学ぶべきこと

（1）デザイン・イノベーションのマネジメント

岩倉信弥・多摩美術大学名誉教授（元・本田技研工業株式会社 常務取締役 四輪事業本部四輪商品担当）に初めてお目にかかった際にヒットを生む極意や秘訣を尋ねたところ、「想い」と回答された。多摩美大卒のデザイナーご出身と承知していたので、ヒットを生むデザインの要諦を尋ねたところ、「形は心」ともおっしゃった。「想い」や「心」でヒットを生み出せるのかと拍子抜けしたし、仙人のような不思議なお方だと面喰らった。しかし、その後、編者が当時勤務していた立命館大学経営学部に客員教授に招聘したり共著を出版するなど、ご体験に裏打ちされた思想に触れるうちに、編者も「想い」だと確信するに至った。「熱い想いを抱き、困難を乗り越えてその想いを形にして実現する」ことこそがイノベーティブなヒット商品を生む、と。

・二代目「プレリュード」のデザイン

ホンダが「トヨタみたいな車」をつくっても売れるわけがない。ホンダが「ホンダらしい車」をつくればヒットする。1970年代終わり、ホンダは「ホンダらしい車」はスポーツカーだと勘違いし、「ホンダらしいスポーツセダン」として初代プレリュードをつくった。ホンダとしては自信満々であったが、欧州では「アメリカ車みたい」、アメリカでは「良くも悪くも日本車の典型」、日本では「川越ベンツ」とそれぞれ酷評されて売れなかった。ホンダの主力工場が和光や狭山にあり、川越行きに乗っていく東武線や西武線の沿線の田舎だという意味と、川越は近郊農業の薩摩芋が名産という意味であった。つまり、「川越ベンツ」とは、「芋すなわち田舎者のホンダが一流を気取った高級車」と揶揄されたのであった（川越在住の人、ごめんなさい）。

「芋と呼ばれたか」と頭に血が上った岩倉デザイナー（当時）は、「芋だって芋洗いすれば綺麗になる」とばかり、二代目プレリュードへのモデルチェンジでは、ボンネットを100ミリ低くして洗練されたデザインを提案した。当然、技術者は「ボンネットの中は空ではないから無理」と反対した。「何が無理だ？」「エンジンのシリンダーがボンネットに突き出てしまう」「エンジンを傾ければよいではないか？」「前例がないし、玉突きで部品が運転席まで迫り出して足が入らなくなる」「それでも足が入るようにすればよいではないか？」とやりあって、何とか実現した。重いエンジンを車の中心側に倒した結果、車の重心も車の中央に来るミッドシップ・エンジンになり安定感が増すという長所も生まれた。

これで二代目プレリュードをつくり、発売するために陸運局の型式認可を取得しようとしたら、ボンネットに付いているヘッドランプの位置も低くなり過ぎて、ヘッドランプは地上何センチ以上という当時の規定よりも低くなってしまったため、型式認可が取得できなかった。ボンネットを低くし過ぎたのだから、型式認可が取得できるところまで高さを戻せばよさそうなものであるが、苦労して低く下げたのだから絶対に嫌だ。ヘッドランプが高くなればよいのだろうと開き直って、パカッとヘッドランプが起き上がるようにした。このリトラクタブル（引っ込ませることができる、の意。日本の自動車雑誌は「ポップアップ」と呼んだ）ランプが決め手の色気となり、1982年発売の二代目プレリュードは大ヒットした（岩倉信弥・岩谷昌樹・長沢伸也共著『ホンダのデザイン戦略経営』日本経済新聞社、2005年）。他社も追従したので、80年代を通して、どのメーカーのスポーツセダンもリトラクタブルランプを採用して大流行したのはこのようにして生まれたのであった。

このエピソードをトヨタで講演した際に話したら、「さすがホンダさんだ。トヨタならボンネットを100ミリ下げると言ったら次の瞬間、社内陸運局が駄目出しする」と言う。「ホンダを馬鹿にしているのか？」と確認したら、「違う。ホンダ以外の他社は何をやってきても想定の範囲内だ。しかし、ホンダは常に想定の範囲外で、心底恐ろしい」とのことであった。

・初代「フィット」のデザイン

「濃い人」と皆に言われる松本宜之主任研究員（当時）は、コンパクトカー「フィット」のLPL（ラージ・プロジェクト・リーダー）に任命された。「コンパクトカーが小さくて狭いのは当たり前。一回り広い車内空間では大したことはない。俺がつくる以上は二回り広い車内空間を目指す」と意気込んだ。力の弱い女性でもボタンを軽く押すと座席が倒れてフラットに。このとき燃料タンクが出っ張っているとフルフラットにならないから燃料タンクを外して、サッ、パッ。「よし、できた、二回り広い車内空間」と悦に入っていると、部下が何やらヒソヒソ。「お前ら、陰でコソコソやってるんじゃねえ！」と一喝すると、「燃料タンクが無いっスよ」。「無いとまずいか？」「走らないっスよ」。「二回り広い車じゃあ、どこかに入れるか。自分で燃料タンクを外しておきながら元には戻せない。「二回り広い車内空間」が台無しになるから。図面を真っ黒になるまで書き込んでも、定規片手にモックアップ（模型）を測りまくっても燃料タンクを入れるスペースはない。失礼な喩えだが、「壺の中の木の実を取ろうとして手を入れ、握り拳がつかえて手が抜けずに慌てる猿」のようである。

万策尽きたか。それでも諦めきれずに放心して図面を見ていると、ぼやーっと白いスペースが見える。運転席の座席の下だ。「ここに燃料タンクを押しこもう」。すると、部下がすぐさま「左後方のガソリン注入口から運転席の下まで遠いのでガソリンが詰まる」とか「衝突事故が起きたら運転手が燃える」と反対する。松本ＬＰＬは「斬新なアイデアに対して、たちどころにネガティブを５つ以上挙げる人をエキスパートという（もちろん皮肉）」「ネガティブがあっても、それを上回るメリットがあればいいじゃないか」という名文句を吐き、「ガソリンが詰まるなら流れやすくすればいいじゃないか」「衝突事故が起きても運転手が燃えないように補強すればいいじゃないか」と解決していく。初代フィットでは右側後部座席に座る人のためだけにフットレスト（足休め）があった。燃料タンクは40ℓ以上と大きいので、運転席の座席の下からはみ出すのを斜めに形状を整えたのだ。「スモールカーなのだから、一つが二つも三つも働かなくちゃ」。突き詰めた末にて行き詰ったところで着想を得ることを松本氏は仏教用語の放下（ほうげ）と言った（長沢伸也稿「新商品・新事業開発マネジメント」、寺本義也・松田修一監修『ＭＯＴ入門』所収、日本能率協会マネジメントセンター、２００２年および本書付録参照）。

二代目「プレリュード」のデザインといい、初代「フィット」のデザインといい、「オデッセイ」の初代（第3章第2節参照）や三代目（第2章第3節参照）のデザインといい、デザイン・イノベーションには「熱い想いを抱き、困難を乗り越えてその想いを形にして実現する」という共通点があるように思われる。

(2)ブランド・アイデンティティーとブランド・イノベーションのマネジメント

一般に創業者は、熱い想いで起業し、非常に強いリーダーシップを発揮するとともに、強烈なカリスマ性を持って創業したばかりの企業を牽引していく。これは、創業者ならではの特別な有りよう、つまり資質と能力と行動である。そして、その創業者ならではの有りようを十全に生かし牽引できるようにするための組織や戦略など、その企業の風土や有りようが形成されていく。その過程を通して、または結果として、創業者その人らしさを投影したその企業らしさ、つまりブランド・アイデンティティーが形成されていく。かくして、創業者その人個人と彼が起業した企業とその企業らしさは不可分で渾然一体となる。やがて企業は軌道に乗り、創業者は老いていく。では次に、創業者がいなくなったときにどうなるか。また、どうするか。

同じような人を探すことは不可能である。極めて稀な資質と能力を持って行動する人が創業者として成功するわけであるから、同じような人は滅多にいない。創業者ではなく継承者でありながら創業者と同じ有りようの人がいるはずがないし、創業者と同じような人が仮にいたとしても、継承者は創業者と同じことはできない。したがって、創業者その人＝(イコール)彼が起業した企業だとしたら、強力なリーダーシップとカリスマ性を持った創業者がいなくなった後、創業者のために最適化されたその企業は組織としては機能不全になり瓦解してしまうし、創業者の資質と能力と行動を大前提とした戦略は無効なものとなってしまう。また、創業者その人らしさ＝(イコール)その企業らしさだとしたら、創業者がいなくなった後、その企業らしさは消滅してしまうことになる。これは、その企業の存在と命運を左右することになる。

創業者がいなくなった後もその企業が存続・発展するためには、創業者から継承者に移行する段階で、単に頭が代わるだけではダメで、組織や戦略など、その企業の風土や有りようも変わっていく必要がある。結果として、創業者の代とはまったく異なった組織や戦略に変わってしまった企業も少なくない。それが悪いとは言わない。しかし、創造性やユニークさ、そして「らしさ」が強烈な戦後生まれ企業としてホンダと並び称されたソニーでは、前身となる東京通信研究所の設立趣意書に「愉快ナル工場ノ建設」を謳った井深大・盛田昭夫両ファウンダーの没後、「愉快ナル工場」とは結びつかない銀行や生保・損保など金融への業容と規模の拡大とともに「ソニーらしさ」が失われていったように感じられ残念でならない。

ホンダは、というと、創業者である本田宗一郎のオヤジ（ホンダの人たちは皆、思慕の念と親しみを込めてこう呼ぶ）の在任・存命中は「本田宗一郎らしさ」＝「ホンダらしさ」であったのは間違いない。彼の引退そして没後、創業者の薫陶を直接受けた世代が代弁者や化身となって伝道師の役割を果たした時期もあったようだが、そうした世代もいなくなり、本田のオヤジの顔も見たことのない世代になれば、「ホンダらしさ」は消滅するか、少なくとも薄まるか変化してしまうのは必定であろう。それでは今日、「ホンダらしさ」は消滅したか、薄まったか、変化したか。否、そんなことはなく、ある意味でむしろ強化されているようにさえ思われる。

ということは、今のホンダは、「ホンダらしさ」を意図的に残し、意識的に伝え、積極的に活かしているのではないか。換言すれば、ブランド・アイデンティティーをマネジメントしているといえる。また、「ホンダらしさ」＝「本田宗一郎その人らしさ」であったものを、「本田宗一郎その人らしさに依存しないホンダらしさ」≠（ノットイコール）「本田宗一郎その人らしさ」へと成功裡にリ・デザインしている。これはブランド・イノベーションであり、ブランド・イノベーションのマネジメントに成功した貴重な事例といえる。

（3）　創造性のマネジメント

大胆に割り切っていうと、マネジメントは管理（コントロール）で左脳がつかさどるのに対して、創造性（クリエイティビティー）は管理不能（アウト・オブ・コントロール）で右脳がつかさどる。したがって、企業として創造性をマネジメントする、あるいは創造性とマネジメントを両立させることは極めて困難であり、二律背反あるいは自家撞着であるといえる。また、マネジメントと創造を同一人物が同時に行うのは、左脳と右脳の両方が優れている稀代の天才か、分裂症的な二面性を持つ危険人物ということになり、いずれにしても容易には得られない。

ところが、ホンダは、コーポレート・メッセージである「夢の力（The Power of Dreams）」を原動力に、常に新しい夢に向けてチャレンジを行い、世界に新しい喜びを提案している。つまり、ホンダは、中小企業であった時代から大企業になった現在でも、またカリスマ的な創業者が亡くなった現在でも、クリエイティブな企業であり続けている。したがって、企業として組織として創造性をマネジメントできている、あるいは創造性とマネジメントを両立できている貴重な事例だと考えられる。

今や、すべての企業は、他社には真似できない製品と、価格の競争ではなく独自の価値、独自の流通チャネル、独自のプロモーションで他社との横並びから脱する必要がある。このような「価格で競争しない」「創造力と独自性を武器にする」という戦略は、ルイ・ヴィトンなどのラグジュアリーブランドに一日の長があり、編者が力を入れて研究している理由である。もちろん、ホンダは価格的にラグジュアリーブランドとはいえない。しかしながら、自動車業界を含めた日本の製造業を見渡しても、ホンダは他社には真似できない製品と、価格の競争ではなく独自の価値を提供している稀有な存在である。

ホンダのように、企業として創造性をマネジメントする、あるいは創造性とマネジメントを両立させることにより、他社には真似できない製品と独自の価値を提供することは、すべてのものづくり企業が学ぶべきことであり、そして目指すべき道筋ではないだろうか。

◇お断り

ヒアリングにおいては、実際の製品開発の現場が眼前に広がるかのごとくお話をしていただき、われわれもその内容に引き込まれてしまった。その「熱気」を読者にお伝えできるようにと、編者や著者が変にいじってスポイルしないようにと編集は必要最小限に留めて、なるべくヒアリングを再現してそのまま記載している。その「熱気」を直に感じていただければ幸いである。

しかしながら、話し言葉と書き言葉の違いから、語勢や抑揚までは残念ながら伝えきれない。また、表情や身ぶり手ぶりなどのいわゆる非言語情報もあるため、彼らが語った珠玉の言葉ではあっても、彼らの真意やニュアンスが伝わっていなかったり、損なっていたとすれば、編者と著者の力量の限界である。さらに、ホンダマンの特徴なのか皆が雄弁で、第Ⅱ部に収録した松本専務へのヒアリングを除けば、本書で引用させていただいたのは一部にとどまる。紙数の制約で割愛せざるを得なかった話や貴重なエピソードが少なからずあったことも併せて御容赦願いたい。

◇本書成立の経緯

長沢が立命館大学に在職した期間に、木野が大学院博士課程に在学、博士号取得後は非常勤講師として勤務して両者が出会い、日産やホンダの製品開発担当者にヒアリングを実施する機会を得て前著『日産らしさ、ホンダらしさ―製品開発を担うプロダクト・マネジャーたち―』（共著、同友館、2004年）ができた。東京大学経済学部の藤本隆宏教授からは直々に電話を頂戴して絶賛され、中央大学ビジネススクール（大学院戦略経営研究科）の河合忠彦教授（現・フェロー）や法政大学経営学部の近能善範教授らのご高著に重要文献として挙げられるなど、思いがけず反響が大きかった。

前著では、「フィット」という一車種に関して、本田技研工業株式会社の黒田博史氏（取締役四輪事業本部商品担当。ヒアリング当時）、本間日義氏（四輪事業本部開発企画室RAD開発技術主幹。同）、株式会社本田技術研究所の松本宜之氏（栃木研究所LPL室主任研究員。同）、宇井與志男氏（和光研究所上席研究員。同）にヒアリングしてまとめた「ホンダらしさ」（本書付録に再録）が特に好評であったので、続編の機運と期待が高まり、本書が企画された。

その後、木野が自動車関連会社勤務から福井県立大学の教員に転身し、生活環境と研究環境が激変したため、続編は遅々として進まなかったが、それでもヒアリングは表に示すように継続して行われた。

表　ヒアリング等実施記録

氏名	当時の役職（現在の役職）	実施形態	実施日
小林三郎氏	一橋大学大学院国際企業戦略研究科 客員教授（現・一橋大学大学院国際企業戦略研究科 非常勤講師、中央大学ビジネススクール フェロー）	早稲田大学ビジネススクール「先端技術戦略」（田村泰一助教授担当）ゲスト講師	2008 年 1 月 16 日
竹村　宏氏	株式会社本田技術研究所 常務取締役（現・本田技研工業株式会社 経営企画部 参事）	本田技研工業株式会社 和光研究所役員室にて長沢・木野が訪問	2008 年 4 月 9 日
本間日義氏	株式会社ホンダアクセス 常務取締役（現・R&D HOMMA 代表）	東京・赤坂にて開催された自動車産業研究会ゲスト講師	2006 年 11 月 24 日
松本宜之氏	本田技研工業株式会社執行役員四輪事業本部四輪商品担当	早稲田大学ビジネススクール「長沢ゼミ」ゲスト講師	2007 年 12 月 16 日
	本田技研工業株式会社 取締役 専務執行役員 四輪事業本部長（現・本田技研工業株式会社取締役 専務執行役員 F1 担当 兼 株式会社本田技術研究所 代表取締役社長 社長執行役員）	本田技研工業株式会社 役員応接室にて長沢・木野が訪問	2015 年 12 月 1 日

（50 音順）

小林三郎氏は、自動車工学の権威である大聖泰弘・早稲田大学大学院環境・エネルギー研究科教授のご紹介で面識があったところ、同僚の田村泰一・早稲田大学ビジネススクール（当時・商学研究科ビジネス専攻。現・経営管理研究科）准教授がご担当の「先端技術戦略」のゲスト講師に招聘されたので、その講義を転用した。竹村宏氏は、岩倉信弥・多摩美術大学名誉教授（元・本田技研工業株式会社常務取締役）のご紹介に加えて、お嬢様が編者の娘と中学・高校以来の親友同士というご縁もあり、木野とともに和光研究所に伺いヒアリングした。本間日義氏は、前著でもヒアリングを受けていただいたが、株式会社ホンダアクセス 常務取締役に転任されているときに、ゲスト講師をされていた自動車産業研究会に木野が参加し、その内容を転用した。

松本宜之氏も前著でヒアリングに応じていただいたが、早稲田大学理工学部で編者の3年後輩にあたり、同じ時期に同じ学び舎にいた親近感もあって、ゼミにゲスト講師で来ていただくなど交流が続いた。ゼミ生の松林秀貴氏（サントリー勤務）は、それをもとに専門職学位論文（修士論文に相当）「ホンダのクルマ開発にみるプロダクトイノベーションの研究」をまとめた。また、長沢が編集に協力した早稲田大学学生部広報誌『新鐘』第74号「早稲田に聞け！　つくる」（２００７年）では、「校友が語る『つくる』の現場」にも登場いただいた。その間も、年賀状を頂戴する度に毎年ご昇任が続いていることがわかり驚嘆するばかりであった。ついに専務にまで登りつめられ、要職ゆえ通常ではとてもヒアリングなどは叶わないところであるが、このように以前より存じ上げているご縁もあり、木野とともに本社役員応接室に伺い、今回改めてヒアリングを受けていただいた。

本書の構想・企画から刊行まで10年の歳月を要したのは、ひとえに編者と著者の怠慢である。しかしながら、かなり以前のヒアリングで語られた珠玉の言葉の数々が色褪せていないことには改めて驚く。ヒアリングで伺った内容は、自動車に限らずあらゆる分野において通じるものであるとも考えている。吟遊詩人ホメロスの作として伝承された古代ギリシアの長編叙事詩『オデッセイ』では、英雄オデュッセウスがトロイア戦争の勝利後10年間にも及ぶ漂泊が集成された。１９９０年代前半のＲＶブームに対応できずに苦しんだ末にホンダが辿り着いた、ものづくりの境地として発表したクルマが「オデッセイ」と名付けられたように、編者と著者が苦しんだ末に辿り着いたホンダ研究の境地であるという、いささかの自負もある。

なお、本書においては、編者である長沢伸也が企画の立案、ヒアリングの依頼・調整やヒアリングの構成・流れの検討と仕切り、出版の準備を行い、著者である木野龍太郎が、原稿の方向性の立案、原稿の執筆を行っている。

◇謝辞

本書をこうして刊行することができたのは、ご多忙にもかかわらず長時間のヒアリングにご協力いただいたホンダの経営幹部の方々のおかげである。小林三郎氏（現・中央大学大学院戦略経営研究科フェロー）、竹村宏氏（現・本田技研工業株式会社 経営企画部 参事）、本間日義氏（現・Ｒ＆Ｄ ＨＯＭＭＡ代表）、松本宜之氏（現・本田技研工業株式会社 取締役 専務執行役員 Ｆ１担当 兼 株式会社本田技術研究所 代表取締役社長 社長執行役員）（以上、50音順）に心より御礼申し上げる。

本間氏と松本氏は、もともとは前著におけるヒアリング対象適任者として岩倉信弥・多摩美術大学名誉教授にご紹介いただいた。加えて今回は、竹村宏氏もご紹介いただいた。さらに、元・株式会社本田技術研究所常務取締役の保坂武文氏（現・ふくい産業支援センタープロジェクトマネージャー）には、ホンダのワイガヤに関する実践経験をお話しいただくとともに、調査を行うにあたっての大変有益なアドバイスをいただいた。また、本田技研工業株式会社広報部・建部輝彦氏、同・鵜澤奈央氏、秘書室・杉田京子氏、株式会社本田技術研究所四輪R&Dセンター技術広報室・峯川薫氏には、松本専務への取材や同社製品の写真提供などにおいて、大変お世話になった。小林氏は上述のように大聖泰弘・早稲田大学大学院環境・エネルギー研究科教授ならびに田村泰一・早稲田大学ビジネススクール准教授のご紹介であった。小林氏に原稿を確認いただくにあたり、最新のご連絡先がわからず難儀したが、田中洋・中央大学ビジネススクール教授や、一橋大学大学院国際企業戦略研究科・事務職員の牧朋美氏にお願いして調べていただいた。そして、株式会社同友館取締役出版部長・鈴木良二氏には、度重なる出版延期で大変なご迷惑をおかけしたが、そのなかでも非常に有益なアドバイスをいただくなど、大変お世話になった。皆様方には改めて御礼申し上げる。

本書が製品開発やホンダ研究にとどまらず、ブランド・マネジメントやイノベーション・マネジメントなど、さまざまな分野でご参考になれば、編者ならびに著者として望外の幸せである。

２０１６年卯月　都の西北にて

編者　長沢　伸也

追記

本書において何度か取り上げた、長沢伸也・木野龍太郎共著『日産らしさ、ホンダらしさ―製品開発を担うプロダクト・マネジャーたち―』、同友館、2004年 については、現在品切状態となっているが、今回のテーマと大きく関わる内容であることから、出版社の協力を得て、ホンダに関わる第Ⅱ部の内容を「付録」として掲載させていただけることとなった(一部原著から修正あり)。こちらを併せてお読みいただくことで、「ホンダらしさ」の特長をよりよく知ることができるため、ぜひご一読いただければ幸いである。なお、ヒアリングを行ったホンダの方々の役職などについては、当時のものとなっている。

■編者

長沢　伸也（ながさわ　しんや）

1980年早稲田大学大学院理工学研究科修了。立命館大学教授などを経て現在、早稲田大学大学院教授　商学研究科博士後期課程商学専攻マーケティング・国際ビジネス専修および経営管理研究科（早稲田大学ビジネススクール）教授。2008～09年仏ESSECビジネススクール・2014年パリ政治学院・2015年より立命館アジア太平洋大学各客員教授。2012年より早稲田大学ラグジュアリーブランディング研究所長。工学博士（早稲田大学）。専門はデザイン＆ブランドイノベーション・マネジメント、環境ビジネス。Luxury Research Journal誌・Journal of Global Fashion Marketing誌各編集委員、Journal of Quality and Service Sciences誌・Luxury : History, Culture, Consumption誌各編集顧問。

主な著書に、『高くても売れるブランドをつくる！―日本発、ラグジュアリーブランドへの挑戦―』（単著、同友館、2015年）、『アミューズメントの感性マーケティング』（編、同友館、2015年）、『ジャパン・ブランドの創造』（編、同友館、2014年）、『感性マーケティングの実践』（編、同友館、2013年）、『グッチの戦略』（編著、東洋経済新報社、2014年）、『京友禅「千總」450年のブランド・イノベーション』（共著、同友館、2010年）、『ルイ・ヴィトンの法則』（編著、東洋経済新報社、2007年）、『老舗ブランド企業の経験価値創造』（共著、同友館、2006年）ほか多数。

訳書に『ラグジュアリー時計ブランドのマネジメント』（共監訳、角川学芸出版、2015年）、『「機械式時計」という名のラグジュアリー戦略』（監修・訳、世界文化社、2014年）、『ファッション＆ラグジュアリー企業のマネジメント』（共監訳、東洋経済新報社、2013年）、『ラグジュアリー戦略』（東洋経済新報社、2011年）などがある。

■著者

木野　龍太郎（きの　りゅうたろう）

1999年立命館大学大学院経営学研究科博士後期課程修了。立命館大学、滋賀職業能力開発短期大学校、京都経済短期大学などの非常勤講師、バンドー化学株式会社勤務を経て、2005年福井県立大学経済学部経営学科講師。現在、福井県立大学経済学部経営学科准教授、および福井県立大学大学院経済・経営学研究科兼担教員。経営学博士（立命館大学）。専門は生産管理論・工業経営論。

主な著書に、『日産らしさ、ホンダらしさ―製品開発を担うプロダクト・マネジャーたち―』（共著、同友館、2004年）

2016年 6 月25日　第 1 刷発行

ホンダらしさとワイガヤ
——イノベーションと価値創造のための仕掛け

編　者　長　沢　　伸　也
著　者　木　野　　龍太郎
発行者　脇　坂　　康　弘

発行所　株式会社　同友館
東京都文京区本郷3-38-1
郵便番号　113-0033
電話　03(3813)3966
FAX　03(3818)2774
http://www.doyukan.co.jp/

落丁・乱丁本はお取替え致します。　美研プリンティング／松村製本所

ISBN 978-4-496-05205-7　Printed in Japan